好技巧胜过好相机

数码摄影用光与曝光

中国摄影出版社

人们常说，摄影就是用光绘画。如果说相机是我们手中的画笔，那么光线就是五彩缤纷的颜料。当我们打开创意空间的时候，它会帮助我们飞向理想的彼岸，摄影佳作由此而生。

正确曝光是拍好照片的基础。本书从怎样正确曝光、相机的曝光模式讲起，由浅入深，向读者介绍了如何掌握基本的曝光技巧、怎样解决曝光中出现的问题。

了解和用好光线是正确曝光的前提。本书将和读者一起分析不同的光源条件下，光线的方向、角度、性质等方面的特征，并结合实例对如何用好光线作了详细的讲解。

将摄影理论与拍摄实践紧密地结合起来，并从读者的角度出发，让读者易学易懂、快速上手，是本书所追求的。为此，本书以翔实的文字和大量精美的图片，深入浅出地讲解了一般天气与雾雨冰雪等特殊天气，以及夜景中的曝光技巧，还对复杂光线条件下的正确曝光以及创意用光技巧作了介绍。

在数码技术迅猛发展的当今时代，照相机作为摄影创作的工具，其曝光手段已经实现了高度的智能化，各种各样的人性化曝光模式也在不断推出，即便是普通人也能拍摄出曝光效果不错的照片。但是，如何准确掌握各种光线条件下的曝光技巧、如何利用光线去实现与众不同的创意，拍摄出独具魅力的摄影佳作，则需要我们用心地去学习和实践。读完本书之后，您一定会感到获益匪浅。

本书既可当作摄影曝光和用光的入门教材，也可作进一步提高摄影水平的参考书使用。同时，它又是一本工具书，可以在到书中查找到不同光线条件下的拍摄技巧。好学、易用是本书的突出特色。

目录
CONTENTS

目录
CONTENTS

第07章 特殊自然光摄影技巧……127–144

第08章 夜景摄影技巧……145–162

第09章 特殊光线摄影技巧……163–167

快速掌握用光与曝光的十大基本要领

关键词：

直方图 · 平均测光 · 点测光 · 中央重点测光 ·

矩阵测光 · 曝光补偿 · 包围曝光 ·

“宁过勿欠”与“宁欠勿过” ·

高速快门 · 低速快门 ·

大景深 · 小景深 ·

光圈与快门最佳组合

01 从直方图了解曝光信息

对于一张好照片来说，实现正确的曝光是其最基本的技术要求。为了及时了解拍摄效果，我们可以通过相机的液晶屏去查看，但是，由于液晶屏面积很小，只能看到所拍摄照片的大致情况，即便放大，也很难准确地了解曝光效果。

那么，怎样才能准确地分析照片的曝光情况呢？别急，直方图是我们的好助手。大多数数码相机都具备查看直方图的功能，下面就让我们看看它的真面目，并学会如何去运用它。

下图是一张比较常见、曝光正确的照片。让我们看看它的直方图吧：

直方图的横坐标代表像素的亮度，中间是中灰影调区域，左边是暗调区域，右边是亮调区域。直方图的纵坐标代表像素的数量，山峰越高，代表该亮度的像素数量在画面中所占比例越大。

在这张照片的直方图中，像素分布比较均匀，亮部和暗部都有像素分布，左侧耸起的尖峰代表的是暗部的像素数量，而右侧耸起的尖峰，则是天空中云彩的像素数量。

假如这张照片曝光正确的话，那么，减少或者增加曝光量会出现什么结果呢？下面，我们就以这张风景照片为例，看采用不同曝光值后直方图有什么不同。

曝光正常的照片

这是一张曝光正常的照片，亮部和暗部都有很好的表现。

正确的曝光，能够准确地反映画面明暗关系，亮部和暗部都保留层次和细节。这是以上照片的直方图。

光圈：f/22　快门速度：1/15s　感光度：ISO50　焦距：58mm

解读直方图

增加1/2挡曝光，图像亮度有所增加，亮区像素呈增加趋势。

光圈：f/22 快门速度：1/11s
ISO 感光度：ISO50 焦距：58mm

增加1挡曝光，暗区像素下落并向右移，亮区像素溢出。

光圈：f/22 快门速度：1/8s
ISO 感光度：ISO50 焦距：58mm

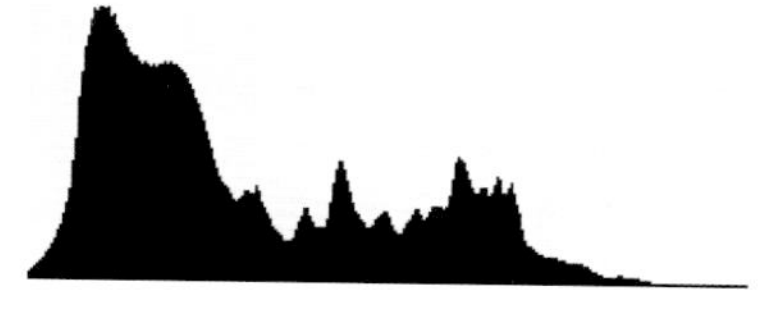

减少1/2挡曝光，图像变暗，暗区像素增加，亮区像素减少。

光圈：f/22 快门速度：1/22s
ISO 感光度：ISO50 焦距：58mm

减少1挡曝光，亮区像素急剧减少，图像变得很暗。

光圈：f/22 快门速度：1/30s
ISO 感光度：ISO50 焦距：58mm

首先，我们增加1/2挡曝光，照片的亮度有所增加，天空中的白云也明显比之前更亮了。从直方图上看，相对于正常曝光照片的直方图来说，暗区像素开始减少，左边的山脚开始向右收缩，而亮区像素则出现增加的趋势。当我们把曝光值增加至1挡后，暗区像素明显地向下降落，左边山脚处像素已经极少，而右边亮区像素明显上升并向右侧靠拢，已经超出纵横两个坐标的极限，这说明照片中的高光部分已经丢失像素。从照片上来看，天空中的白云的确已经失去层次和细节了。

如果我们在正常曝光的基础上减少1/2挡曝光，照片就会变暗。从直方图上看，暗区像素开始增加，并向左边的山脚靠拢，而右边的亮区像素则已经减少。把曝光值继续减少至1挡后，暗区像素明显地增加了很多，而右边亮区像素不但急剧减少，而且明显地向暗区偏移。这说明照片中的暗区面积很大，而亮区极小且像素极少。从照片上来看，它已经非常暗淡了。

02 数码相机的测光方式

为了确保获得更加准确的曝光，各相机厂商在测光方式的研究上都投入了巨大的精力，设计出了多种多样的测光方式。在数码相机上，常见的测光方式主要有四种：

平均测光

这是数码相机中最基本的测光方式，它将被摄主体反射的光线亮度进行综合评价，计算平均亮度值。它的特点是简单易用，但是在场景明暗分布不均匀的状况下容易出现测光失误。不过，在绝大多数情况下，它的确是一种让人省心的测光方式。

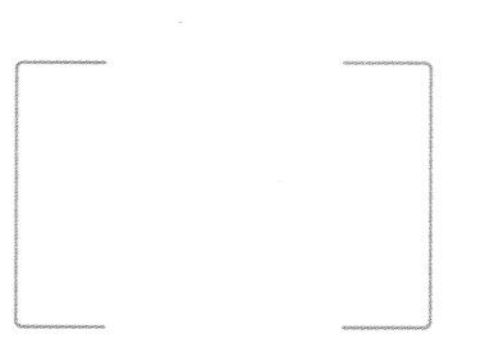

中央重点测光

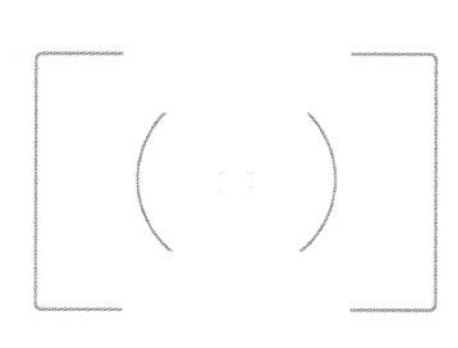

中央重点测光主要是测量画面中央长方形或圆形区域范围内的亮度，而对其他区域采取平均测光。作为测光重点的中央区域面积因相机不同而异，约占全画面的20—30%。这种测光方式的精度一般高于平均测光。

点测光

点测光的测光范围是画面中央约占整个画面2—3%的区域。点测光基本上不受测光区域点之外其他景物亮度的影响，因此可以很方便地使用点测光对画面中各个区域进行测光，与其他测光方式相比，点测光方式具有较高的精度。

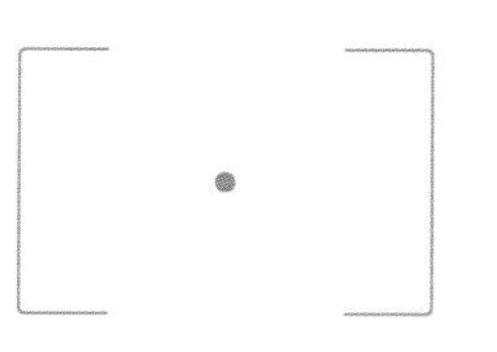

矩阵测光

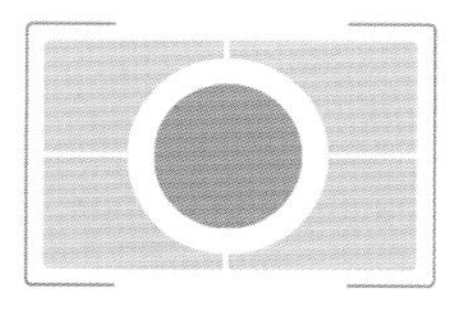

矩阵测光又叫“分区测光”，因相机厂商的设计和称呼不同而不同。这是一种高级的测光方式。测光系统将画面分成若干区域，分别进行测量，然后通过相机内的微电脑对各个区域的测光信息进行运算、比较，并参照被摄主体的位置，从而决定每个区域的测光加权比重，全部衡量后，计算出合适的曝光值。

复杂光线下如何选择测光模式

在光源条件非常复杂的情况下，使用矩阵测光是一种明智的选择，它有助于我们获得更准确的曝光数据。而在明暗反差悬殊的情况下，最好能使用点测光。

光圈：f/8 快门速度：1/2s ISO 感光度：ISO200 焦距：24mm

视现场光线条件设定测光模式

在光线均匀的条件下，使用平均测光就能得到满意的效果。而在更复杂的环境中，则应视具体情况来选择其他三种测光模式。

光圈：f/5.6 快门速度：1/50s ISO 感光度：ISO200 焦距：32mm

03 巧用曝光补偿功能

所谓曝光补偿，就是拍摄者可以对相机自动测光结果进行调整的一种功能。拍摄者通过该功能可以得到理想的曝光效果。曝光补偿分为正补偿和负补偿，即增加或减少曝光，常见的补偿范围为±3EV左右，其补偿的级数因相机型号的不同而不同，一般以1/2EV或1/3EV递增或者递减。

曝光补偿功能对于获得正确曝光非常有用。例如，拍摄逆光人像时，利用相机自动测光功能拍摄到的照片往往会出现人物过暗的情况，此时，如果使用曝光补偿功能增加1−2挡曝光，就会使人物获得理想的曝光效果。

而在光线复杂的情况下，例如在明暗反差较大的环境中拍摄容易使亮部失去应有的层次和细节，这时，可以使用曝光补偿来减少曝光，从而保持亮部应有的细节。

在使用曝光补偿时，“白加黑减”的原理非常有用，即对大面积的白色物体（例如白雪、白色墙壁）曝光时应使用正补偿，而对大面积的黑色物体（例如煤矿、黑夜）时应使用负补偿，以使景物得到正确的曝光。

被摄主体处于阴影中时需用曝光补偿

由于受到天空亮度的影响，导致画面中的人物曝光不足。

- 光圈：f/5.6
- 快门速度：1/200s
- 感光度：ISO200
- 焦距：22mm

通过曝光补偿使阴影中的人物得到理想的曝光

为排除天空对阴影中人物的影响，增加2/3挡曝光，使人物有了理想的亮度。

- 光圈：f/5.6
- 快门速度：1/125s
- 感光度：ISO200
- 焦距：22mm

04 包围曝光是准确曝光的利器

在进行人像摄影或风光摄影时，经常会遇到光线分布不均匀、明暗反差太大等情况，使我们对相机测出的曝光数值产生怀疑，往往担心曝光过度或曝光不足。在这种情况下，我们就需要使用包围曝光功能了。

包围曝光，也有人把它称为括弧曝光，这是一种完美的曝光方式，它是通过对同一被摄主体拍摄曝光量不同的多张照片，并从中获得正确曝光照片的方法。它按照“无曝光补偿”、“正曝光补偿”、“负曝光补偿”的顺序，在1/3EV到2EV之间连续拍摄3张或5张照片。

目前很多相机都有包围曝光功能，我们可以很方便地让相机自动进行包围曝光拍摄。这个过程可以是连拍的形式，也可以手动逐张拍摄，其补偿顺序可以由摄影者设定。

如果你的相机没有包围曝光功能，也可以通过手动设置的方法去实现。具体方法是先按相机测得的曝光值拍摄一张，然后分别以增加和减少曝光量各拍一张，若仍无把握，可变化曝光量多拍几张，其包围的级差可以为1/3EV，也可以是1/2EV、1EV，根据现场光线条件来设定。

负补偿

在测定曝光值基础上减1挡曝光补偿。

光圈：f/16 快门速度：8s ISO感光度：ISO100 焦距：21mm

无补偿

按测定的曝光值进行拍摄。

光圈：f/16 快门速度：15s ISO感光度：ISO100 焦距：21mm

正补偿

在测定曝光值的基础上增加1挡曝光。

光圈：f/16
快门速度：30s
ISO感光度：ISO100
焦距：21mm

05 曝光的“宁过勿欠”与“宁欠勿过”

从胶片时代开始学习摄影的朋友们知道，拍摄负片时的曝光原则是“宁过勿欠”，即在不超过胶片宽容度的前提下，在胶片上保留足够多的影像信息，使感光乳剂能够得到更充分的感光，亮部层次能够得到更充分的反映；而拍摄反转片则是“宁欠勿过”，使暗部层次能够保留足够多的细节。到了数码摄影时代，以前的原则是否适用，应该遵循什么原则来曝光，也变得众说纷纭起来，“宁过勿欠”与“宁欠勿过”都有不少支持者。

所谓“宁欠勿过”，是基于后期处理来考虑的。实践证明，欠曝的照片，例如欠曝1挡，一般都可以通过后期处理调整回来，得到一张曝光正常的照片，而因为过曝丢失高光细节则无法挽救。所以，在复杂的光线环境下，当我们对曝光拿不准时，建议采用“欠曝”的方法，以保持高光细节不丢失，然后再通过后期处理提高暗部的亮度，以达到满意的曝光效果。

以“欠曝”确保高光部位的层次细节

在拍摄时有意识地欠1挡曝光，可以保留画面中高光部分的细节。

光圈：f/11 快门速度：1/500s ISO 感光度：ISO400 焦距：30mm

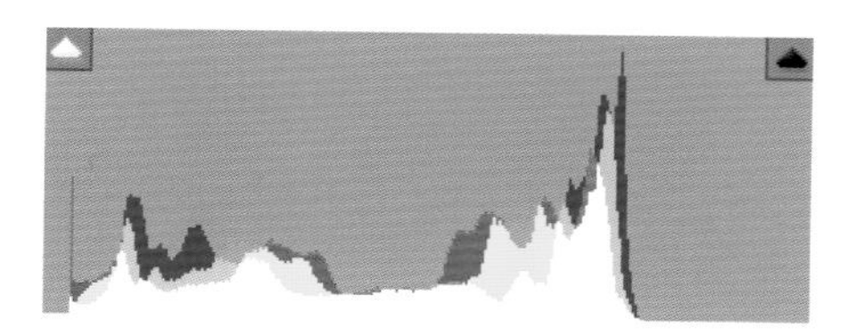

第一张照片直方图，像素向暗区集中。

对“欠曝”照片做后期处理

在photoshop中对欠曝照片的RAW文件作加1挡曝光处理。

光圈：f/11 快门速度：1/500s ISO 感光度：ISO400 焦距：30mm

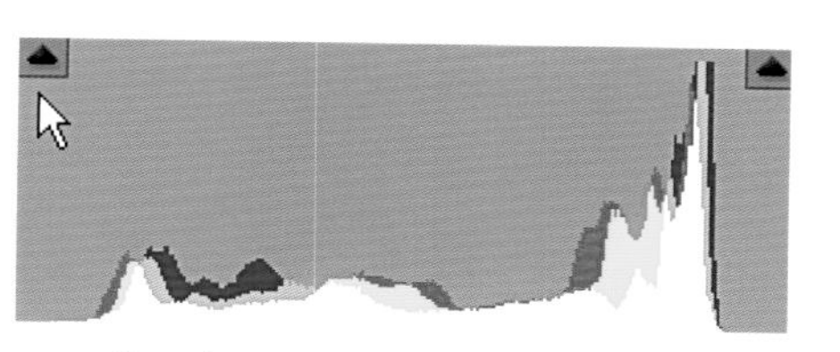

第二张照片，加1挡曝光后像素分布均匀。

06 高速快门捕捉动体瞬间

快门除了可以控制曝光时间外，还可以控制动体在画面中的呈现效果。快门速度越快，越有利于将动体凝固成瞬间静止状态；而快门速度越慢，则有利于体现动体在运动中富有动感的态势。

普通数码相机的快门速度大多在1/1000秒之内，低速快门也只能达到几秒或者十几秒，但这已经可以应付大多数的日常拍摄。而数码单反相机，其最高速快门已经达到1/8000秒，这非常有利于捕捉快速运动的物体。其低速快门可达30秒，而B门则可以由拍摄者自由控制曝光时间。

我们常常为体育比赛中的精美瞬间而赞叹，为动物世界里猛兽的奔跑而着迷。掌握了快门速度的知识后，就可以随心所欲地将这些美妙的瞬间收录于相机之中了。

拍摄运动场景的时候，应将相机的曝光模式设为快门优先，并设定一个较高的快门速度。拍摄时，相机会根据我们设定的快门速度自动选择光圈值。而我们的任务只是抓住时机按下快门按钮而已。

认识快门速度的特性

拍摄飞翔中的鸽子，最基本的要领就是设定高速快门。

光圈：f/8 快门速度：1/800s ISO 感光度：ISO400 焦距：200mm

以高速快门拍摄动体

拍摄如此精彩、美妙的奔跑，唯有高速快门才能胜任。拍摄前，应该将相机的曝光模式设定在快门优先挡位上。

光圈：f/5.6
快门速度：1/1000s
ISO 感光度：ISO125
焦距：250mm

07 低速快门营造浪漫情调

人们通常把1/30秒及更慢的快门速度称为低速快门。低速快门常常用于光线较暗淡的场景，这是低速快门最基本的用途。

利用低速快门可以营造梦幻的模糊效果。例如，常见的瀑布与河流照片那种缥缈的效果，就是利用低速快门拍摄的。用低速快门来拍摄城市夜景，会使流动的车辆留下五彩斑斓的车灯轨迹，同样美不胜收。

利用低速快门突出主体，也是一种非常有效的方法：

一是使用低速快门拍摄移动中的物体，使其产生模糊的影像，以清晰的背景衬托主体的动感。

二是让相机随着物体运动的方向移动，使背景模糊而主体清晰，以突出运动被摄体的动感，这种方法叫追随摄影法。

低速快门使用三脚架

拍摄光线较暗的场景需要更长的曝光时间，必须使用三脚架。

光圈：f/6 快门速度：0.6s ISO 感光度：ISO100 焦距：300mm

08 大景深展现景物完整细节

在拍摄写实作品时，往往需要将事件的主体与背景都交待清楚；在表现景物图案美时，或刻画产品细节时，都需要将整个画面清晰拍摄出来。

拍摄这样的作品，可以通过控制景深，让前景和背景都很清晰，通过景物的细节去引起人们的观赏欲望。

当镜头对准被摄主体时，被摄主体前后有一段清晰的距离，这个距离就叫景深。景深受光圈大小影响，光圈越大景深越小，光圈越小景深越大。所以当我们需要较大的景深时，应使用较小的光圈。

与此同时，镜头焦距和拍摄距离也会影响景深。要获得大景深，应选择广角镜头并尽量拉远与被摄主体的距离。

有的数码单反相机设有景深预视按钮，在按下快门拍摄之前，可通过这个功能预先观察景深效果，以便及时修正。

使用小光圈获得较大的景深

较小的光圈，可将人物的专注神态及其所处的背景都清晰呈现。

- 光圈：f/11
- 快门速度：1/60s
- 感光度：ISO200
- 焦距：35mm

短焦距亦可扩大景深

制作好的油纸伞鲜艳而整齐，其图案化的摆放美不胜收。拍摄时，应选择小光圈和广角镜头，以扩大景深。

- 光圈：f/16
- 快门速度：1/60s
- 感光度：ISO200
- 焦距：50mm

09 小景深虚化背景突出主体

以极大的光圈获得极小的景深，以极度虚化的背景来突出主体，是众多摄影者情有独钟的拍摄技法。在期刊、影展乃至广告图片中屡见不鲜，其画面之美、主体之突出，非常吸人眼球。其实，只要利用光圈控制好景深，尽可能使用较大的光圈拍摄，就很容易得到这样的效果。在此基础上，尽量使用较长焦距的镜头，拉开与被摄体的距离，或者在拍摄特写时使用微距镜头，则会将这种效果发挥到极致。

在曝光模式上，可选择光圈优先模式，然后开大光圈，或者选择手动模式，自主控制光圈和快门速度。而使用便携式数码相机，则可以选择人像模式或者微距模式，这样，相机会自动选择较大的光圈，以获得虚化背景突出主体的效果。

长焦镜头可加强背景虚化效果

在使用大光圈的同时，使用长焦镜头可获得更小的景深。

光圈：f/2.8 快门速度：1/500s ISO感光度：ISO100 焦距：140mm

镜头焦距越长，背景虚化效果越明显

使用长焦镜头可以获得极度虚化的背景，将人们的注意力一下子就吸引到主体身上。

光圈：f/2.8 快门速度：1/800s ISO感光度：ISO100 焦距：200mm

小知识

光圈、镜头焦距、拍摄距离对景深的影响：光圈越大，景深越小，反之越大；镜头焦距越长，景深越小，反之越大；拍摄距离越近，景深越小，反之越大。根据以上原理，我们可以通过改变光圈的大小、镜头焦距的长短和拍摄距离的远近来控制景深。例如，如果需要得到主体清晰、背景模糊的小景深，可以通过开大光圈、使用长焦镜头和尽量接近拍摄对象来实现。三种方法同时使用较之只使用其中一至两种方法，所得到的效果要更显著。

10 寻找光圈与快门速度的最佳组合

曝光量的控制是通过光圈与快门的组合来完成的。摄影曝光的互易率告诉我们，选择不同的光圈值和快门速度组合，仍然可以得到等量的曝光。这就为我们在拍摄实践中寻求完美组合创造了条件。

所谓光圈与快门速度的完美组合，其要点在于以下两点：一是尽量选用镜头的最佳光圈，二是手持拍摄时要达到安全快门速度。

假如手持相机拍摄一张晴好的风光照片：第一步，我们要明白，只要快门速度在手持拍摄的安全速度至1/1000秒之间就不会对曝光造成影响；第二步，将镜头光圈在最大光圈的基础上向下调2−3挡，即f/5.6或f/8，即把光圈设置在最佳光圈的挡位上；第三步，通过相机的景深预视功能，确认景深大小符合我们的想法；第四步，确定光圈值以后，选择光圈优先模式，或在手动曝光模式下把光圈设为最佳光圈值，然后确认快门速度在安全快门速度至1/1000秒之间后即可拍摄。

在实现等量曝光的前提下实现光圈与快门的完美组合

在测定曝光之后，在等量曝光的基础上，以最佳光圈为出发点去调整快门速度。

- 光圈：f/5.6
- 快门速度：1/200s
- 感光度：ISO100
- 焦距：28mm

在较好的光线条件下力求光圈与快门完美组合

风景秀丽，阳光晴好，为我们寻求镜头最佳光圈与相机快门速度的完美组合及创造优秀的画质奠定了基础。

- 光圈：f/8
- 快门速度：1/250s
- 感光度：ISO100
- 焦距：70mm

正确曝光就这么简单

关键词：

正确曝光 · 光圈 · 快门 · 程序自动 ·

光圈优先 · 快门优先 · 手动曝光 ·

场景模式 · 18%灰 · 曝光锁定 ·

感光度 · 白平衡 ·

特殊色调

11 如何获得正确的曝光

曝光，英文名为Exposure。在摄影中，曝光是指在摄影的过程中进入镜头到达感光元件（数码相机的影像传感器）上的光量，是光线通过镜头使感光元件接受光照的过程。曝光量的多少由光圈、快门和感光度的组合来控制。

比如，在一个晴朗的天气里，我们拍摄一处风景，当我们对准景物半按快门时，相机所测得的快门速度为1/125秒、光圈f/11，1/125秒和f/11就是一个曝光组合。选定合理的曝光组合是正确曝光的前提。

所谓正确的曝光，通俗地讲，就是让画面亮度合适，避免所拍摄的照片过暗或过亮，是指根据景物的亮度和我们创意表现的需要，在确定感光度的基础上，选择恰当的光圈与快门组合，把被摄主体的轮廓和明暗层次清晰、准确地显现出来，从而正确地记录影像。

如果曝光过度，画面就会过亮，甚至使高光部分失去细节。究其原因，就是光圈太大或者快门速度太低。如果曝光不足，画面就会过暗，甚至使画面的暗部失去细节，甚至成为全黑色。造成曝光不足的原因与曝光过度相反，是由于光圈太小或者快门速度太高造成的。

获得正确曝光的关键在于选择好光圈与快门的组合。做到了这一点，我们就能够准确、清晰地反映被摄主体的明暗关系，并使画面的亮部和暗部都保留细节和层次。

正确曝光

正确的曝光，能够准确地反映画面明暗关系，亮部和暗部都保留层次和细节。

光圈：f/2.8 快门速度：1/400s ISO 感光度：ISO100 焦距：70mm

曝光过度与曝光不足

曝光过度，画面亮部细节丢失。

光圈：f/2.8
快门速度：1/200s
ISO 感光度：ISO100
焦距：70mm

曝光不足，画面暗部细节丢失。

光圈：f/4
快门速度：1/400s
ISO 感光度：ISO100
焦距：70mm

12 光圈与快门的作用

光圈和快门是控制曝光量的装置，每拍摄一张照片都离不开对光圈与快门的运用。通过它们之间的适当组合，我们能够得到准确的曝光，同时，还可以通过它们来施展各种拍摄技巧。

光圈位于镜头内部，是一组金属小叶片的集合，光圈中央有一个可通过光线的光孔，可以通过转动光圈环来改变孔径的大小，控制进入到机身内感光元件的光线。光圈全开时，可使最大量的光线通过，将光圈缩小，则会减少光线通过。光圈的大小用f值表示，常用的数值为1、1.4、2、2.8、4、5.6、8、11、16、22等。

光圈不仅可以控制通过镜头光线的多少，同时，它还具有控制景深的功能。所谓景深就是在被摄主体前后的清晰范围，光圈大，景深就小，当我们把焦点对准在被摄主体上并使主体清晰的时候，位于其前后的景物就会被虚化；光圈小，景深就大，远景近景都会很清晰。掌握了这个原理，当我们想拍摄主体清晰而背景虚化的人物照片时，或者拍摄远景近景都非常清晰的风景照片时，就可以利用光圈对景深进行控制。

光圈大，景深小

使用大光圈拍摄，将背景虚化，使画面主体突出。

光圈：f/2　快门速度：1/5000s
ISO 感光度：ISO100　焦距：50mm

光圈小，景深大

使用小光圈拍摄，近景和远景都有很清晰的表现。

光圈：f/16　快门速度：1/125s
ISO 感光度：ISO100　焦距：70mm

光圈叶片开启状态

位于镜头内部的光圈金属叶片开合状态：左侧为该镜头的最小光圈，右侧为该镜头的最大光圈（全开光圈）。

快门的结构与作用

快门是用来控制光线进入相机时间长短的装置。

便携式相机（例如卡片机）通常采用镜间快门，是一组薄钢片组成的叶片式结构，位于镜头中间的光圈叶片前方。按下快门按钮后，快门叶片从中心启缝迅速由小开大，当完成预定的曝光时间，又立即由大缩小，直至闭合。

位于便携式相机镜头光圈前方的镜间式快门。

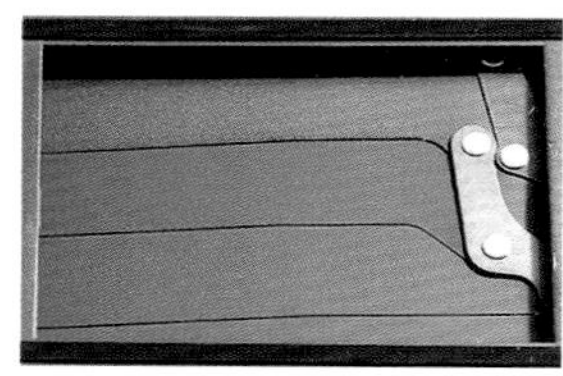

位于单反相机图像传感器前方的焦平快门，也叫帘幕式快门。

单反相机则采用焦平快门，它的位置在感光元件的前方。它通过两组钢制叶片组成的帘幕的开合动作来控制曝光时间，即快门速度。快门速度越低，进入相机内的光线就会越多；快门速度越高，进入相机内的光线就会越少。快门速度一般用秒作单位，例如，1、1/2、1/4、1/8、1/15、1/30、1/60、1/125、1/250等。分母越小，表示快门速度越低，即曝光时间越长，分母每增大一倍，曝光量就减少一挡。许多相机还设有B门，按下快门按钮开始曝光，松开快门按钮停止曝光，可由我们自由决定更长的曝光时间。

快门速度不但可用来控制曝光时间的长短，同时，它对表现被摄主体的动静虚实也产生着影响。使用高速快门拍摄，可以将高速度运动的被摄主体凝固于画面；而使用低速快门拍摄，则可以使高速运动的物体产生一种富有动感的效果。

较高的快门速度可使动体清晰

选用比较高的快门速度，可将奔流的溪水凝固于画面，其飞溅而起的水珠亦清晰可见。

- 光圈：f/2.8
- 快门速度：1/125s
- 感光度：ISO50
- 焦距：48mm

较低的快门速度可使动体虚化

使用比较低的快门速度，奔流的溪水变成雾状，产生一种极具动感的效果。

- 光圈：f/22
- 快门速度：0.6s
- 感光度：ISO50
- 焦距：54mm

13 数码单反相机的基本曝光模式

在数码单反相机上，基本的曝光模式有4种，分别是程序自动、光圈优先、快门优先和手动曝光，分别用P、A、S、M来表示，在有些相机上，光圈优先和快门优先模式分别用Av、Tv表示。数码单反相机顶部通常有一个模式转盘，有的相机则显示在肩部的液晶屏中，通过旋转这个转盘或者调整与屏幕显示所对应的按键，即可选择不同的拍摄模式。

程序自动模式

程序自动模式（即P模式），相机完成测光后，根据内部预先设定的程序自动确定快门速度和光圈值的组合以控制曝光。

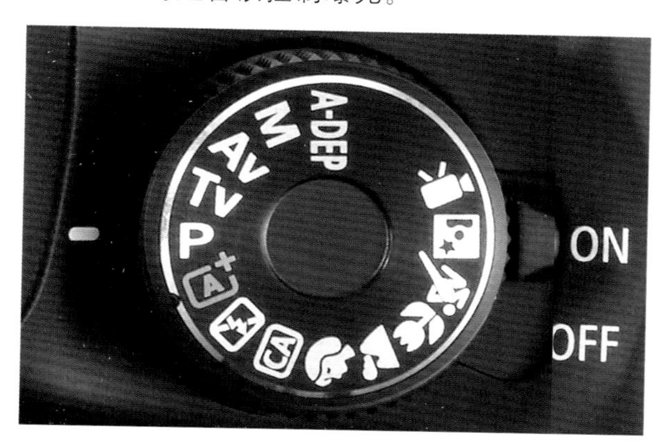

光圈优先模式

光圈优先模式（即A或Av模式），首先由拍摄者决定光圈值，然后由相机根据光圈的设置自动决定快门速度。

快门优先模式

快门优先模式（即S或Tv模式），与光圈优先模式相反，首先由拍摄者根据拍摄的需要（比如凝固运动物体或者追求富有动感的虚化效果）来确定快门速度，之后，由相机根据快门速度自动设定光圈值。

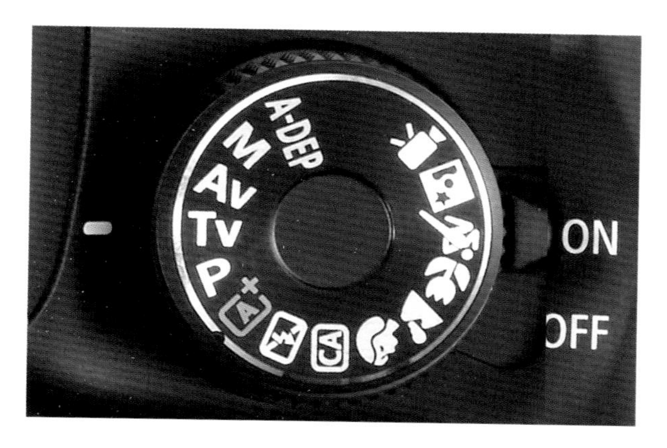

手动曝光模式

手动曝光模式（即M模式），由拍摄者自己确定快门速度与光圈值。在这种模式下，相机也会提供根据拍摄场景的亮度计算出曝光值，以供拍摄者参考。手动模式适合在光线条件复杂的情况和夜景下长时间曝光时使用。

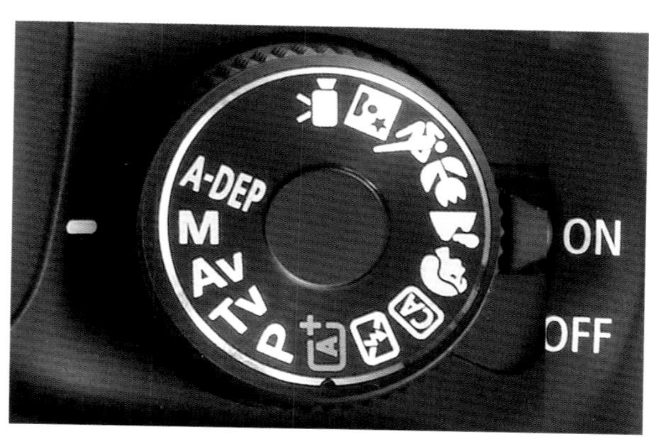

14 程序自动，快速应付拍摄场景

当遇到翩翩起舞的大秧歌队伍从你面前欢快地走过时，当你漫步于公园遇到一对热恋中的情侣正在携手缠绵时，你一定会渴望迅速地拿起手中的相机拍下这些动人的场景。但是，当你调好相机上繁杂的设置以后，那些美妙的场景已经一去不复返了。这是摄影爱好者们经常遇到的情况。

怎么办呢？别急！相机上的程度自动模式对于抓拍非常有用。程序自动模式的优势就在于拍摄时相机会根据场景的亮度自动计算出光圈与快门的最佳组合，以确保你得到满意的曝光。你所需要做的只是抓住时机按下快门。

程序自动模式有利于快速抓拍

小宝宝骑上心爱的自行车上路了，你做好拍摄的准备了吗？

- 光圈：f/22
- 快门速度：1/30s
- 感光度：ISO50
- 焦距：58mm

将注意力集中在被摄主体上

选择了程序自动模式，我们就可以把注意力都集中在被摄主体上，而光圈与快门速度的选择则可以交给相机。

- 光圈：f/2.8
- 快门速度：1/1250s
- 感光度：ISO100
- 焦距：30mm

15 光圈优先，控制景深的利器

光圈优先模式的优点在于光圈大小由我们自己设定，相机的自动测光系统会根据我们选定的光圈值去决定相应的快门速度。

由于光圈的大小直接影响景深，即直接影响对焦点前后景物的清晰范围。而光圈大小是我们主动设定的，因此，我们就可以主动控制景深了。这就为我们的摄影创作提供了很大的自由度，这个模式是很多摄影爱好者都非常喜欢的一种曝光模式。

在拍摄时，我们可以根据创作意图去决定光圈大小。例如拍摄人像，我们可以采用较大的光圈求得较小的景深，以使背景虚化，使主体得到突出。同时，较大的光圈，也能得到较高的快门速度，从而提高手持拍摄的稳定性。而在拍摄风景时，尤其是拍摄较大场面的风景时，为了得到较大的景深，我们往往采用较小的光圈，这样，景深的范围比较广，可以使远处和近处的景物都清晰。

当镜头上的光圈太大会导致曝光过度或者太小导致曝光不足时，可调低或者调高相机的感光度，然后进一步开大或者缩小光圈值，以获得满意的景深效果。

光圈优先模式下设定大光圈

光圈优先模式下，选择大光圈拍摄，以虚化背景突出主体。

光圈：f/2.8 快门速度：1/800s ISO 感光度：ISO100 焦距：145mm

光圈优先模式下设定小光圈

光圈优先模式下，选择小光圈拍摄，使远景中的建筑物和近景中的水面都得到了清晰的表现。

- 光圈：f/16
- 快门速度：1/60s
- ISO 感光度：ISO100
- 焦距：24mm

16 快门优先，在清晰与模糊之中畅行

快门优先模式的优点在于快门速度的高低由我们自己设定，相机的自动测光系统会根据选定的快门速度去决定相应的光圈值。

当我们拍摄运动着的人物或者物体时，把相机的曝光模式设在快门优先上是一个不错的选择。

摄影初学者在拍摄运动物体时往往容易出现动体模糊的现象，这很有可能是因为快门速度不够高。如果选择快门优先模式，事先选择一个比较高的快门速度，然后进行拍摄，就能够得到动体清晰的画面。

快门优先模式多用于拍摄运动的物体，例如拍摄行人，快门速度应高于1/125秒，而拍摄掉落的水滴则需要1/1000秒以上。

快门速度可分为高速快门与低速快门。高速快门能够将移动中的物体凝固于画面中。1/30秒及以下的快门速度属于低速快门，它可以使移动中的物体产生模糊，而让背景清晰，从而有效突出主体的动感。

自主设定高速快门

选择快门优先模式，并将快门速度设在较高速的挡位上，就能把腾跃而起的人物凝固在画面中。

光圈：f/2.8 快门速度：1/400s ISO 感光度：ISO100 焦距：16mm

自主设定低速快门

在快门优先模式下，选择低速快门来拍摄城市夜景，画面上留下了过往车辆漂亮的运行轨迹。

光圈：f/2.8
快门速度：1/4s
ISO 感光度：ISO200
焦距：28m

17 手动模式，我的曝光我做主

手动曝光是由拍摄者主动选择光圈大小和快门速度的曝光模式。手动曝光功能在相机上的标识为“M”，数码单反相机都具备这项功能，而除部分高端便携式数码相机外，多数数码相机没有这项功能。

手动曝光模式的操作虽然比其他模式显得复杂一些，但它却可以自由地控制光圈、快门，尤其是在光线较为复杂的场景下，它有着不可替代的作用。

采用手动曝光模式后，相机的光圈大小、快门速度都需要手动设置，这需要一定的摄影经验的积累。拍完一张照片后，最好在液晶屏上查看一下效果，并做进一步修正后继续拍摄。

手动曝光模式的选择及拍摄步骤如下：

1. 将拍摄模式转盘设于M挡；
2. 根据拍摄需要设置快门速度和光圈值；
3. 根据相机在取景器中给出的参考曝光值，结合自己确定的曝光值和拍摄需要进行调整；
4. 半按快门自动对焦；
5. 当得到满意的构图与最佳拍摄时机时按下快门。

在手动曝光模式下长时间曝光

选择手动曝光模式，可以让我们自如地应付极其复杂的光线条件，拍摄出与众不同的画面效果。

- 光圈：f/16
- 快门速度：15s
- ISO 感光度：ISO100
- 焦距：35mm

在手动模式下设定高速快门

将蓝球凝固于篮筐之中，我们可以将快门速度定在较高的挡位，然后选择合适的光圈值。

- 光圈：f/4
- 快门速度：1/2000s
- ISO 感光度：ISO400
- 焦距：300mm

18 场景拍摄模式很贴心

在数码相机上，除了基本的4种曝光模式外，很多中低端数码单反相机和便携式数码相机上都设置了场景模式，场景模式极大地方便了摄影初学者，非常实用、好用。即便是对摄影知识了解很少的人，仅凭其图形化的标识也能够明白它们的拍摄用途。有些相机上还提供了"自定义场景"功能，使拍摄更加方便了。

数码单反相机场景模式选择转盘

位于数码单反相机顶部的曝光模式转盘，其左侧为常见的场景模式。

人像模式

人像模式主要用于拍摄以人物为主体的照片。该模式下，数码相机会把光圈调大，营造小景深效果。而有些相机还会自动选择合适的色调、对比度、锐度进行拍摄，以使人物主体的肤色更佳。

风景模式

风景模式适合拍摄风景照片。数码相机会把光圈调小以增加景深，而且对焦也会变成无限远，使照片获得最清晰的效果。

在使用风景模式拍摄时，要注意环境光线的角度，尽量不要让光线直接射入镜头，否则很容易造成曝光不准确。

微距模式

微距模式主要用来拍摄细小物体，例如花卉、昆虫等，在该模式下，相机会减小最近对焦距离，并关闭闪光灯。

在微距模式下，要按相机说明书中所标明的最近距离拍摄，否则会无法对焦。同时，被摄主体的光照应该充足而均匀，以保证拍摄效果。

运动模式

运动模式适用于拍摄运动中的人物或物体。在该模式下，相机会自动提高快门速度。

例如为正在玩耍的小宝宝拍照，经常会为频繁的对焦和调整曝光参数而失去拍摄良机，使用这个功能我们就能轻易地抓取小宝宝跑来跑去的身影。

夜景人像模式

选择夜景人像模式，相机通常会使用数秒至1/10秒左右的快门，这样能保证远处的风景充分曝光，并使用闪光灯照亮前景中的人物，闪光灯通常会在快门开启后被触发。

记住，拍摄时一定要使用三脚架，以保证相机的稳定。另外，被摄者不应离相机太近，以防出现过亮现象。

19 18%灰原理及其应用

许多朋友在拍摄雪景时，往往感觉拍摄到的画面效果并不十分理想，白雪并没有看到的那样白；而拍摄黑色物体时，照片中的黑色并没有达到真实景物的黑度。

这是为什么呢？原来，是相机的测光系统在做怪。相机的测光系统在测光时需要一个测量基准，通俗地讲，就是给相机一个测光的基本依据。因为18%灰与人皮肤平均反射光（16–20%）的色调一样，而人物是我们最常拍摄的对象，所以相机厂商都把18%的灰作为相机测光依据，所有的相机在测光过程中，都会将它所“看到”的所有物体都默认为反射率为18%的灰色（摄影专业术语称为“中级灰”），并以此作为测光的基准。也就是说，在相机的“眼”中，所有的被摄体都是灰色的，曝光的目的是为了正确还原这种灰色。

在一般拍摄情况下，例如人物、风景等题材，这种以灰色基调为还原标准的曝光是非常准确的，被摄体的色彩和影调都能得到真实的还原。而如果被摄体的反射率不是18%，那么相机测光系统测量出来的数值就不准确，若直接按此数值曝光，画面的影调和色彩就会出现失真。例如，拍摄白色的雪、黑色的煤田，相机也把它们当作灰色来还原，结果就会导致拍出色度不纯的雪景和煤田。

了解了这个原理，我们在拍摄雪景或者夜景的时候，就要采取一些特殊的措施了。例如：当拍摄明亮物体时，应采用比相机测得的曝光数据高出1–2挡的曝光值，而对阴暗物体则要适当减少曝光值，这样才能够得到比较准确的曝光效果。

采取曝光补偿来还原真实色彩

拍摄雪景、夜景等其他大面积的白色或黑色景物时，在相机测光的基础上再增加1–2挡曝光，才能使景物的颜色得到准确还原。

光圈：f/9 快门速度：1/80s ISO 感光度：ISO50 焦距：24mm

20 巧用曝光锁定功能

曝光锁定是相机上一个锁定曝光数值保持不变的功能。在半按快门得到正确的曝光值后，用曝光锁定按钮即可固定这个曝光组合保持不变，然后重新构图并拍摄。当主体受光与背景受光差异较大时，该功能会经常用到。无论是拍摄人像，还是拍摄风景，这个功能都非常实用。

曝光锁定的英文为Automatic Exposure Lock，相机上一般用AE-L来表示。

在一般情况下，我们拍摄时会对准被摄主体半按快门对焦，这个时候，相机同时会将曝光值计算出来，而如果对焦后我们移动画面重新构图的话，曝光数值就会随着场景中光线条件的变化而改变，这样就有可能会曝光失误。

例如拍摄逆光人像，为避免人物曝光不足，我们会走近人物，让人物充满整个测光区。但是，当我们退回拍摄位置后会发现曝光数值随着画面亮度的改变也发生了变化，这时，如果我们继续按下快门，仍然会出现人物主体曝光不足的现象。在这种情况下，就需要使用曝光锁定功能了，具体方法是，当我们走近人物测光后按下AE-L键，锁定曝光值，再退回到拍摄位置重新构图进行拍摄，这样就能得到准确的曝光。

未使用曝光锁定功能导致亮部曝光过度

在走近被摄主体测光以后退回拍摄位置重新构图拍摄，由于有黑暗天空的影响，造成亮部曝光过度。

光圈：f/4 快门速度：12s
感光度：ISO100 焦距：24mm

使用曝光锁定功能亮部曝光正常

走近被摄主体测光后按下曝光锁定按钮，退回拍摄位置重新拍摄，能使亮部保持了完好的细节。

光圈：f/4 快门速度：6s
感光度：ISO100 焦距：24mm

21 感光度在拍摄中的运用

感光度是表示感光元件对光线敏感程度的数值，常用的感光度数值有ISO025、50、100、200、400、1600、3200、6400等。ISO数值越大，感光能力越强，在同样亮度的光线下，可以使用较小的光圈或较高的快门速度拍摄。

感光度在摄影的作用表现在两方面：一是影响快门速度，提高感光度能获得更高的快门速度；二是影响画质，低感光度能够带来更细腻的成像质量，而高感光度容易使图像产生噪点。所以我们可以根据以上特点在拍摄中对感光度进行灵活的调整。

例如，ISO100时的快门速度比ISO50快一倍，因此，在相同的光线条件下使用ISO50时曝光时间为1/125秒，如果换用ISO100，只要1/250秒就可以得到相同的曝光量。我们可以根据拍摄现场的亮度来选择不同的感光度。例如，在阳光晴好的室外拍照，可以选择ISO100；在阴天时，选用ISO200；而在拍摄舞台表演、体育比赛或夜景时，应选用ISO400甚至更高的感光度。

高感光度可以提高快门速度

在光线较暗的情况下，选择较高的感光度，能够获得足够高的快门速度。但为了避免画面出现太多噪点，应尽量使用ISO1600以下的感光度。

光圈：f/10 快门速度：1/80s 感光度：ISO100 焦距：51mm

低感光度获得优秀画质

为小宝宝拍纪念照，图像质量很关键，所以一定要选择较低的感光度。

光圈：f/8 快门速度：1/125s
感光度：ISO100 焦距：64mm

22 白平衡在拍摄中的运用

很多摄友都有过这样的经历，照片拍完后与真实的颜色不一致，即存在"偏色"。其原因就在于"白平衡"没有设置好。

所谓白平衡，就是"不管在任何光源条件下，都能够将白色还原为白色"。准确的白平衡可以得到最佳的色彩还原。数码相机上，一般有三种白平衡调整方式：自动白平衡、预置白平衡和自定义白平衡（也叫手动白平衡）。

自动白平衡，即由相机根据现场光源情况自动设置白平衡。这是最让拍摄者省心的一种模式，在常见光源条件下，都能得到令人满意的效果。

预置白平衡，即在相机上预先设定好的白平衡模式。拍摄者可根据现场光源设置相应的白平衡模式，例如在钨丝灯下使用钨丝灯模式，就可以得到准确的色彩还原。

自定义白平衡，即拍摄者自行设置相机的色温值。

此外，我们还可以通过自定义白平衡来故意使照片偏色，从而使照片形成一种特殊的色彩效果。

巧用白平衡营造特殊色调的方法有两种：

一是直接设置色温值。例如，月光的色温为5800K，如果把相机色温值设为6300K，照片就会偏蓝色，这样可以有效地突出夜色的神秘感和静谧感。

另一种方法是巧用预置白平衡。例如，拍摄日光下的欢庆场面，可将白平衡设置为钨丝灯模式，以使照片偏红或偏黄，从而突出画面中喜庆的氛围。

设置白平衡以准确还原色彩

白平衡设置不当，导致照片颜色偏红。

光圈：f/4.5 快门速度：1/50s 感光度：ISO100 焦距：25mm

只有准确设置好白平衡，才能得到最佳的色彩还原。

光圈：f/4.5 快门速度：1/50s 感光度：ISO100 焦距：25mm

调高色温可强调蓝色

调高色温以突出画面中蓝色，给画面蒙上一层神秘感。

光圈：f/4 快门速度：4s 感光度：ISO100 焦距：23mm

灵活运用曝光技巧拍出好照片

关键词：

最佳光圈 · 定焦镜头 · 定格瞬间 · 追随摄影法 · 爆炸效果 · 灿烂烟花 · 梦幻水流 · 凝固闪电 · 远山与前景 · 城市风光 · 旅游景点 · 清晰的背景 · 美少女 · 宝宝靓照 · 可爱的小鸟

23 将运动瞬间定格为永恒

将高速运动的物体清晰地凝固于画面之中，关键要掌握好以下几个环节：

1.设定曝光模式。除了设定快门优先模式之外，也可以将曝光模式设为手动模式，即相机模式转盘上的“M”挡，这样我们可以自由地设置快门速度和光圈值。

2.设定快门速度。快门速度的设置取决于被摄体的运动速度。一般情况下，快门速度最好设定在1/1000秒以上。此外，快门速度不应低于镜头焦距的倒数，否则会引起相机的晃动。比如使用1000mm焦距拍摄，则快门速度不应低于1/1000秒。

3.设定相机的感光度。感光度越高，相机所需要的光量就越少，快门速度就可以设置得越高。一般来说，拍摄激烈竞争的体育比赛时，感光度以ISO400为宜。如果现场光线比较暗的话，也可以设定为ISO800。如果把感光度设置得过高，拍摄照片的画质就会受到严重影响。所以，如果现场光线允许的情况下感光度尽量不要超过ISO800。

4.将相机的驱动模式设为连拍，以确保捕捉到高速运动中我们所希望的画面。

5.如果使用长焦镜头拍摄，为确保相机的稳定，三脚架是必不可少的辅助工具。

选择快门优先模式或手动模式

拍摄动体，需要将曝光模式设定为快门优先或手动模式。这样，拍摄者才可以自主设定快门速度。

光圈：f/8
快门速度：1/500s
ISO 感光度：ISO400
焦距：24mm

在快门优先模式下选择较高的快门速度

拍摄运动中的被摄体，除了把握好快门速度之外，对焦也一定要准确。

光圈：f/4　快门速度：1/800s
ISO 感光度：ISO400　焦距：200mm

24 奔跑的孩子

孩子童年时的嬉戏、奔跑，是家长珍藏的相册中必不可少的场景。拍摄这样的情景，关键在于快门速度的设置。

首先，确定合适的曝光模式。最好选择快门优先模式，并设定好合适的快门速度。如果使用相机上的场景模式，则应选择运动模式。

使用手动曝光模式也是一种不错的选择，我们可以根据拍摄需要自主决定快门与光圈的组合。但是，在选定好快门速度与光圈值后，要观察一下取景器中相机给出的参考值，并结合自己的拍摄需要进行修正。

其次，根据孩子奔跑的速度和方向，选择合适的快门速度。当孩子以同样的速度奔跑时，相对于镜头方向来说，孩子纵向奔跑与横向奔跑，对快门速度的要求是不一样的。

一般情况下，当孩子纵向奔跑时，只要快门速度不低于1/125秒，即可拍下清晰的影像；而如果是横向奔跑，快门速度至少应在1/250秒以上。

拍摄纵向跑动

当被摄主体面向镜头方向奔跑时，快门速度不应低于1/125秒。

光圈：f/5.6 快门速度：1/250s ISO 感光度：ISO100 焦距：50mm

拍摄横向跑动

当被摄主体横向奔跑时，一定要选择比纵向奔跑更高的快门速度，一般不应低于1/250秒。

光圈：f/8
快门速度：1/500s
ISO 感光度：ISO200
焦距：50mm

25 跳跃的瞬间

拍摄跳跃的动作，成功的关键取决于快门速度的设定。所以应该选择快门优先模式或者场景模式中运动模式。

相对于拍摄奔跑来说，拍摄跳跃的画面在快门速度的选择上就容易得多。拍摄跳跃不必考虑被摄主体运动的方向，只要快门速度不低于1/250秒，一般来说拍摄都能成功。

天空的亮度和地面的亮度存在很大差异，特别是在天气晴朗的时候，万里无云的天空和地面的山川、房屋之间往往亮度相差很大。这个时候，应请被摄者先试跳，在试跳的过程中注意观察其受光情况。为了确保正确曝光，在被摄主体还未起跳时，拍摄者应蹲下身子，按人物起跳时预定的位置去测光，并将曝光值锁定。

人物起跳时的摆姿是构图的关键。为应对相机对焦太慢的问题，在人物出现理想摆姿之前的瞬间半按快门。为了确保抓拍的成功率，拍摄前，最好把拍摄模式设定为连拍模式，从起跳前的瞬间按下快门，并保持按下状态连拍多张，以便在拍摄完成以后从中选择好照片。

相对于跑起来，快门速度应更快

拍摄跳起的动作，快门速度不要低于1/250秒。

光圈：f/5 快门速度：1/800s 感光度：ISO100 焦距：27mm

拍摄跳跃的剪影效果

在逆光下拍摄跳跃的动作，仍然选择较高的快门速度，可以拍出迷人的剪影效果。

光圈：f/6.3
快门速度：1/320s
感光度：ISO200
焦距：16mm

拍摄小景深的跳跃照片

使用较高的快门速度时，往往会需要用到较大的光圈来保证充分曝光。此时，可以获得小景深虚化效果，令照片非常悦目。

光圈：f/2.8　快门速度：1/400s
感光度：ISO100　焦距：150mm

26 昆虫的生命之舞

美丽的花园里万紫千红，蝶飞蜂舞。无数个小精灵在花丛中飞来飞去，吸引着无数摄影爱好者激发起创作的冲动。

拍摄这些小精灵，需要注意三个重点环节。

1.快门速度。蝴蝶、蜜蜂由于体积十分小，而且动作十分敏捷，所以即便是拍摄它们的静止状态，快门速度也不要低于1/125秒，以随时应对它们的起飞。

2.镜头焦距。为保持与这些小昆虫之间的距离，以中长焦镜头为宜。

3.尽可能使用三脚架拍摄，以便于我们集中精力捕捉这些美妙瞬间。

4.对焦一定要准确。可采用手动对焦的方法，根据这些昆虫运动的规律提前对好焦。如果情况允许，最好能及时修正对焦点。

设置较高的快门速度

拍摄飞行中的小蝴蝶，快门速度至少应在1/125秒以上。

- 光圈：f/5.6
- 快门速度：1/125s
- 感光度：ISO100
- 焦距320mm

拍摄运动中的昆虫可采用预对焦的方法

如果被摄主体不在静止状态，可采用手动对焦的方法，提前预置焦点，等待时机拍摄。

- 光圈：f/4
- 快门速度：1/320s
- 感光度：ISO100
- 焦距：100mm

神奇的追随摄影法

拍摄运动的被摄体，追随摄影法可以突出其动感效果，是一种极具魅力的拍摄手法。它不但能够清晰地捕捉运动中的被摄主体，而且以其与动体方向相同的动态模糊给人以极强的动感效果。

追随摄影法看起来很神奇，但操作并不难，关键在于镜头要追随被摄体移动。具体方法是选择较低的快门速度，转动相机对动体进行追随拍摄。快门速度一般为1/30秒或1/60秒，快门速度越低，背景越容易模糊。拍摄时，要把相机紧靠脸部，相机与头部作为一个整体来转动。要先从取景框里看好被摄体的位置，然后，按动体的方向转动相机，等到适当时机立即按下快门。使用追随摄影法需要注意两点：一是按快门时，相机不能停止转动，在相机的转动过程中按下快门。二是选择暗色或明暗相间的背景，例如树木、房屋或人群等，这样才能使背景显现出具有动感效果的模糊线条。

选择较低的快门速度

追随摄影法的关键在于以较低的快门速度追随被摄体的方向作同步运动。

- 光圈：f/8
- 快门速度：1/60s
- 感光度：ISO100
- 焦距：70mm

选择暗色调景物作背景

使用追随摄影法拍摄，快门速度的选择十分重要。同时，如果挑选暗色调景物作为背景，动感效果会更加突出。

- 光圈：f/5.6
- 快门速度：1/125s
- 感光度：ISO100
- 焦距：200mm

28 爆炸效果的照片

有一种可以拍摄爆炸效果照片的方法叫变焦摄影。即在曝光的过程中快速转动镜头的变焦环，从而拍摄出中间实而四周呈现放射性线条的照片。

变焦摄影的基本要领是，对焦后，从广角端向长焦端转动变焦环，在变焦的同时按下快门。

在变焦的过程中，保持相机稳定十分重要，所以最好使用三脚架拍摄。

如果拍摄的是快速移动中的物体，应尽量使用长焦镜头远距离拍摄，以确保安全。

快门速度对爆炸效果起着决定性作用。假如被摄体为静止状态，那么，1/30秒以下的快门速度就能获得爆炸效果。快门速度越低，爆炸效果越强。具体的快门速度因被摄体的运动速度不同而不同。

变焦摄影的快门速度不宜过高

爆炸效果也叫变焦追随，其要领是在变动焦距的同时按下快门。快门速度决定着爆炸效果。如果天气晴好，要努力想办法降低快门速度。

光圈：f/5.6　快门速度：1/250s　感光度：ISO600　焦距：130mm

29 让烟花灿烂飘洒

“东风夜放花千树”，美丽壮观的烟花鸣放时，是我们进行摄影创作的大好时机。现在的数码相机设计越来越人性化，人们可以直接使用相机上的烟花模式拍摄烟花，用起来非常方便。但是，要想自主控制烟花的拍摄效果，还是使用数码单反相机拍摄为佳。具体拍摄方法如下：

1.选择好曝光时间。拍摄烟花如鲜花怒放的效果，需要进行长时间曝光。这个曝光时间应该等同于一组烟花从升空到回落的时间，一般在数秒以上。因此，应将曝光模式设为快门优先或手动模式。

2.选择合适的光圈。光圈大小是获得合适曝光时间的决定因素，一般常用的光圈值是f/5.6至f/11之间，这与烟花绽放时的亮度和拍摄距离有直接关系。拍摄完成后应该及时检查拍摄效果，并通过调整光圈值来控制曝光量。

3.使用三脚架。在长时间曝光过程中，哪怕是轻微的移动都会使相机晃动，所以，一定要使用三脚架来保证相机稳定。

精心组织构图，以地面景观衬托烟花

拍摄烟花时，如果将地面上的都市建筑、车水马龙的街道等收进画面，会起到烘托喜庆气氛的作用。

光圈：f/5.6
快门速度：8s
感光度：ISO100
焦距：200mm

使用低速快门或B门进行长时间曝光

将相机设定为B门模式进行长时间曝光，及时分析拍摄效果，通过调整光圈和感光度来拍摄，你一定可以得到美丽迷人的拍摄效果。

光圈：f/16
快门速度：15s
感光度：ISO400
焦距：135mm

30 梦幻般的水流

拍摄瀑布、海浪、溪流等水景时，不同的快门速度会得到不同的拍摄效果。

使用高速快门拍摄，会将浪花、水流清晰地记录于画面之中；使用低速快门拍摄，画面上的流水就会像洁白的绸缎般迎风起舞，如梦如幻。原理很简单，就是用较低的快门速度将流动着的水流虚化。

拍摄这种效果的照片，需要预先设定快门优先模式或者手动曝光模式，根据水流的态势和我们想得到的效果来确定快门速度。

一般情况下，将快门速度设定在1/15秒、1/8秒及更低的快门速度即可得到这种水流虚化的效果。快门速度越低，效果就越明显。拍摄过程中，可以使用不同的快门速度多拍几张，然后从中选择自己喜欢的效果。

使用低速快门极易导致相机的晃动，因此，在拍摄前一定要将相机固定在三脚架上。

曝光时间越长效果越明显

曝光时间越长，水流虚化的效果就越强烈。我们可以通过调整快门速度来控制效果。

光圈：f/5.6 快门速度：1/15s ISO 感光度：ISO600 焦距：70mm

虚化水流需要使用低速快门

将水流拍摄出如梦如幻般的效果，需要使用低速快门。

- 光圈：f/11
- 快门速度：1/8s
- ISO 感光度：ISO50
- 焦距：100mm

31 将闪电凝固在画面中

盛夏中的暴雨和闪电非常常见。当灿烂的闪电随着隆隆雷声自天而降的时候，那惊心动魄的场面定会激起摄影爱好者的创作激情。

闪电的特性是瞬间绽放，稍纵即逝，且没有规律。所以，不能像拍摄普通夜景那样选择自动曝光模式或者夜景模式去拍摄，而需要开启B门来曝光。要像猎手一样时刻做好捕捉的准备，将瞬间出现的闪电成功拍摄下来。

将相机的驱动模式设为连拍，以确保在被摄体的高速运动中捕获我们所希望的画面。

如果使用长焦镜头拍摄，为确保相机稳定，三脚架是必不可少的辅助工具。对曝光量的控制主要是通过对光圈的设置，而设置光圈值的依据则是闪电出现的距离与强度。一般来说，如果使用ISO100的感光度，拍摄大约8公里远的闪电，可选择f/8的光圈值；如果闪电是在8公里以外发生的，则使用f/5.6的光圈值比较合适；如果是接近5公里，可使用f/11。

以上数据只是一个参考值，在拍摄完成后检查拍摄效果是一个非常重要的环节。既可以从相机的液晶屏上检查，也可以通过直方图检查，两者结合，从中选择出合适的光圈值。

以长时间曝光拍摄闪电

拍摄闪电，应开启相机B门或者将相机设在快门优先模式下长时间曝光。

光圈：f/16 快门速度：30s 感光度：ISO400 焦距：28mm

利用光圈控制曝光量的大小

闪电的特点是瞬间绽放，其曝光量的多少主要是通过光圈来控制。

光圈：f/16
快门速度：30s
感光度：ISO400
焦距：28mm

32 让远山和前景一样清晰

在拍摄风光时，经常会遇到远山、湖泊、山峦、海滩等宽阔宏大、气势雄伟的风景。当我们需要拍摄这样的大场面风光时，应营造较大的景深，使近景和远景都清晰的呈现。

控制景深首先应该将光圈设置在尽量小的挡位上，以获得足够大的景深。

其次，镜头焦距对景深也有影响，焦距越短，景深越大；焦距越长，景深范围小。所以拍摄大场面风光时，应尽量选择广角镜头或者超广角镜头。

第三，景深与拍摄距离也有关系。拍摄距离越近，景深越小，拍摄距离越远，景深越大。如果画面中有很近的前景，那么，应该将拍摄位置后移一些，以将近处的景物纳入景深范围之内。

尽量收缩光圈使远景和近景同样清晰

拍摄大场面风光时，应尽量使用尽可能小的光圈，以求得较大的景深范围。

光圈：f/16 快门速度：1/160s ISO 感光度：ISO100 焦距：32mm

镜头焦距越短景深越大

镜头焦距对景深范围也有很大的影响，拍摄时，应选择短焦距镜头，如广角镜头或超广角镜头。

光圈：f/22
快门速度：1/25s
ISO 感光度：ISO50
焦距：16mm

33 清晰再现城市风光

高层建筑、大型立交桥，这些城市里的靓丽风景吸引了无数摄影人去拍摄。既要拍到它们的全貌，又要尽量使其不会变形，还要清晰地再现它的每一个细节，应该怎么办呢？

第一，光圈不能过大。光圈过大，景深就会很小，不但用前景和后景都不够清晰，而且建筑物主体也可能会局部虚化。所以，应选择f/11甚至更小的光圈，拍摄距离较远时也不应大于f/8，只有这样，才能保证足够的景深。

第二，保持较远的拍摄距离。距离过近，很难拍到建筑物的全景。如果要仰拍全景，则由于镜头透视的影响，会引起画面变形。所以，应选择较远的距离拍摄，以保证成像不会产生变形。

第三，选择广角镜头。在合适的距离拍摄，使用35mm广角镜头既可以保证足够的景深，还可以保持高大建筑物不会变形。如果只能远距离拍摄的话，可选择长焦镜头，但要注意，焦距过长，会对景深产生明显的影响。

如果使用长焦镜头拍摄，为了保持相机的稳定，应考虑使用三脚架。

第四，在用光上，应尽量使用侧光、斜侧光拍摄，以使画面富有层次和立体感。

选择适当的光圈、拍摄距离、镜头焦距和光照角度

拍摄城市高楼和立交桥等大型建筑，应使用小光圈、短焦距镜头，并尽量与被摄主体拉远距离。

光圈：f/13
快门速度：1/80s
感光度：ISO100
焦距：70mm

34 为旅游景点留下清晰的影像

要获得清晰的影像，常用的手段是扩大景深。主要有三个途径，一是小光圈，二是短焦距，三是较远的拍摄距离。

光圈除了控制曝光外，还具有控制景深的功能。拍摄旅游风光照片时，首先要考虑的也应该是景深，因为只有较大的景深，才能为身边的名胜古迹留下清晰的影像。因此，拍摄旅游景点时，要尽量选择较小的光圈来获得较大的景深。

广角镜头拥有较大的视角，同时有更大的景深，即便是近距离拍摄，也很容易把远近景物都拍得很清晰。同时，它宽广的视角，在空间较小的地方拍摄时，更容易将美丽的景观全景拍进画面。所以，为了能够获得更大的景深，且在近距离拍摄到更多的景物，一支广角镜头必不可少。使用广角镜头时，要注意成像变形，不过也可利用它近大远小的变形效果突出近处的景物。

拍摄距离也会影响景深大小。拍摄位置与对焦点的距离越远，所获得的景深就越大。

在构图时，如果没有特殊的需要，应努力让水平线和垂直线保持端正，这是获得完美照片的基本原则。

使用广角镜头或者超广角镜头近距离拍摄

近距离拍摄较高大或者较宽广的景观时中长焦镜头就无能为力了。只有使用广角或者超广角匀方能满足拍摄需要。

光圈：f/16 快门速度：1/125s ISO 感光度：ISO100 焦距：35mm

远距离拍摄全景

为了拍摄景点的全景，应尽量退至较远的距离，并根据构图的需要调整镜头焦距。

光圈：f/16
快门速度：1/40s
ISO 感光度：ISO100
焦距：29mm

35 用清晰的背景衬托画面中的人物

背景是环境人像作品中不可或缺的重要组成部分，它对交待人物所处的环境、烘托作品的主题是非常重要的。在这类作品中，背景往往都需要拍得很清晰，使背景和人物有机融合在一起，以使人们在观赏作品时能够把人物和背景结合起来。或者说，背景和人物的完美融合可以更好地诠释作品的主题。

如果在近距离拍摄人物及背景，则需要使用广角镜头，一般来说，由于镜头焦距很短，所以能够得到较大的景深，这样的话，对镜头光圈的要求就不会太苛刻了，但是，光圈也不应大于f/8。如果使用中焦或长焦镜头，就一定要认真选择光圈值，一般应在f/11、f/16甚至更小的光圈。

如果光线条件较差，为了获得足够的曝光而不得不开大光圈的话，可以将感光度调高，这样可以使快门速度更高或者光圈更小。不过，提高感光度是以牺牲画质为代价的，所以，如果没有特殊的需要，例如希望得到粗颗粒效果的照片，感光度不宜设置过高。就目前数码影像技术发展水平来看，在数码单反相机中，当感光度设置在ISO800的时候，也能够得到不错的画质，设置到ISO1600，其画质也能够满足一般的要求。但是，为了兼顾景深与画质，感光度设置最好不要高于ISO800。

使用广角镜头、小光圈，使背景同人物一样清晰

因为使用了广角镜头，所以把光圈设在f/8也能够把背景拍得很清晰。同时，由于现场光线较暗，为了保证足够的快门速度的前提下能够使用较小的光圈，将感光度调高了1挡。

- 光圈：f/8
- 快门速度：1/40s
- 感光度：ISO200
- 焦距：24mm

36 用大光圈拍摄美少女

拍摄美少女，关键在于突出少女的美丽，所以选用大光圈镜头是最佳选择。光圈大，景深就会变小，背景虚化的程度就越强，而画面中的她就会有更好的呈现。当使用标准镜头，将光圈开至最大的时候，背景的虚化程度将会达到最强。

在常见的长焦镜头中，光圈比f/4更大的很少，而标准镜头作为各镜头厂家的代表作除了在成像质量上有绝佳的表现外，最大光圈都达到了f/1.8、f/1.4，其景深可以说足够小了，在拍摄美少女时不妨一试，定会收到满意的小景深效果。另外，一些专业的定焦镜头也有着无与伦比的成像质量，其最大光圈都能达到f/2.8，特别是定焦的人像镜头，是专门为人像拍摄而设计的，其焦距与光圈的设计也都是为了获得完美的人像。如果手头只有一只变焦镜头而又想达到虚化的效果，可将光圈开大之后，尽可能地选择较长的焦距段去拍摄，也可以得到一定的虚化效果。

要获得虚化背景的照片，除了开大光圈选择长焦镜头之外，还有一种有效的手法，那就是处理好拍摄者、被摄主体与背景三者之间的距离关系。在拍摄者和背景两者之间的距离关系不变的情况下，被摄主体距拍摄者越近，即距背景越远，则背景的虚化程度就越强。

使用标准镜头的最大光圈虚化效果更佳

极大的光圈能够获得极小的景深。

光圈：f/1.2 快门速度：1/2000s ISO感光度：ISO100 焦距：50mm

使用长焦镜头并在远距离拍摄

在光圈值为f/4的情况下，使用长焦镜头并且拉开与被摄者的距离，同样能够获得与f/1.2的光圈相似的效果。

光圈：f/4
快门速度：1/200s
ISO感光度：ISO100
焦距：360mm

37 为宝宝拍好靓照

可爱的宝宝，自出生之日起，每一步的成长都牵动着父母的心。为宝宝拍摄靓照，记录下他们的成长历程，是很多父母的心愿。不过宝宝天生好动，他可不会任你摆布。为了把宝宝拍清晰，快门速度不应低于1/60秒，而提高快门速度的前提是开大光圈，尤其是在阴天、室内等光线较暗的情况下，更要开大光圈。开大光圈还有一个好处是可以虚化背景，让宝宝在画面中更突出，而模糊的背景，会让宝宝显得更漂亮。

必须注意的是，婴儿从出生后到3岁之前，视觉神经系统还没发育完全，强光会对眼睛的发育造成不良影响。所以在拍摄时，一定不要使用闪光灯。

如果在光线条件很差的室内拍摄，即便把光圈开到最大也达不到1/60秒以上的快门速度，可以通过提高感光度来解决这个问题。感光度每提高1挡，快门速度就会加快1挡。

一般情况下，一定要把相机端到与宝宝眼睛同等高度的位置来拍摄。这个位置，最符合人的视觉习惯，因此，最容易给人一种亲近、自然的感觉。根据宝宝眼睛的高度来调整相机的位置，不但有利于与宝宝沟通，而且拍出的照片也会很亲切、很真实，日后再次观赏自己的拍摄成果时，仍然会有一种身临其境的感受。

为活泼好动的宝宝拍照，宜使用较高的快门速度

在阴天的光线条件下开大光圈为宝宝拍照，既可虚化背景，又可提高快门速度。

- 光圈：f/2.8
- 快门速度：1/500s
- 感光度：ISO100
- 焦距：70mm

38 一枝独秀的美丽花朵

美丽的鲜花常常是各种艺术作品表现的题材。花朵之美，让人心醉。在摄影创作中如何突出鲜花的一枝独秀之美呢？利用虚实关系是一种常用的方法。

我们知道，使用大光圈，可以得到很小的景深，使背景虚化。此外，镜头焦距的变化也会影响景深大小。在相同光圈下，镜头焦距越长就越能够将虚化程度表现得淋漓尽致。当相机与被摄体距离较近时，例如1米–1.5米时，景深会变小，焦点对准被摄体之后，在被摄体清晰的同时，其前后的景物都会变得很模糊；反之，相机与被摄体的距离较远时，拍摄的画面就会呈现近景与远景都很清晰的效果。充分调动光圈、焦距和拍摄距离对景深的控制，可以实现极度虚化的背景，让美丽的花朵一枝独秀。

利用虚实对比突出美丽的花朵

使用大光圈使背景虚化，有效地突出主体。

- 光圈：f/3.5
- 快门速度：1/60s
- 感光度：ISO100
- 焦距：135mm

包围曝光拍摄

当荷花距深色的叶子很近时，用大光圈获得小景深的意义就更加重要了。拍摄完成以后应及时查看其虚化程度并调整景深大小。

- 光圈：f/4
- 快门速度：1/1600s
- 感光度：ISO200
- 焦距：300mm

39 可爱的小鸟

拍摄可爱的小鸟，应使用长焦镜头让小鸟在画面中占更大的面积。只有在不惊动小鸟的情况下，才能拍摄到它们最自然的状态。

将长焦镜头的光圈开大，长焦距加上大光圈，可最大限度地强化背景虚化的效果。但在实际拍摄中，应根据不同需要来确定背景虚化的效果。如为了突出小鸟的形态而拍摄特写，应最大程度地虚化背景；而需要交待小鸟所处的环境，则不要让背景过于虚化。

背景的虚化效果可通过数码单反相机上的景深预视功能在拍摄前查看，也可在拍摄完成之后在相机的液晶屏中回放查看。查看后应按创作要求及时进行调整。

使用长焦镜头并在远距离拍摄

小鸟很可爱，但是很容易受到惊吓。在拍摄时应使用长焦镜头拉近拍摄。同时，长焦镜头还能有效地使背景更加虚化。

光圈：f/4 快门速度：1/250s 感光度：ISO200 焦距：300mm

40 为蒲公英拍摄特写

在各种各样的花草植物中，蒲公英最容易引起我们的关注。当你带着一份情感透过镜头去寻找这些朴实无华的生命时，你会被它们的无私所感动，会发现它们同样有光鲜的一面。

为蒲公英拍摄特写，仍然需要选择较大的光圈，以极度虚化的背景来突出主体。在此基础上，采取一些必要的辅助手段，会令你的作品更具魅力。拍摄时如果能够耐心地等待时机，抓住那洁白的小伞飘舞的瞬间，就会让人联想到这些小生灵对远方的向往，这样能赋予画面以生命力。

选择大光圈，可以用更高的快门速度捕捉飘飞的蒲公英

抓住那洁白的小伞离开母亲怀抱、飞向远方的瞬间，会让人们联想到对未来的向往。这时，你的摄影作品也就有了生命力。

光圈：f/4 快门速度：1/250s 感光度：ISO100 焦距：200mm

41 使用最佳光圈拍摄照片

由于镜头存在球差和像差等，镜头中央的成像和边缘并不相同。光圈越大，便意味着有更多的光线要从镜头边缘通过，这样会导致成像质量下降，表现为解析度降低、出现暗角或色散等情况。而光圈过小，就意味着光孔很小。光孔小的时候通过的光线少，也不利于成像，甚至在极端的情况下，光线会发生衍射现象，从而降低分辨率。而如果我们将光圈从最大的挡位收缩一些，或者从最小的挡位开大一些，那么，只有镜头中央部分的光线可以通过光圈叶片，而镜头边缘的光线就会被阻挡，除了分辨率能够得到改善外，镜头的暗角、色散等情况都会有一定的减轻，成像质量也能得到进一步改善。

任何一只镜头，无论是定焦还是变焦镜头，都有它成像质量最好的1挡或几挡光圈。在这挡光圈下，镜头的分辨率可以发挥到极致，这就是它的最佳光圈。那么，目前数码单反相机的镜头，最佳光圈是多少呢？至于这一点，不同的镜头情况不同。一般来说，镜头的最佳光圈为f/8或者f/11，不过也有的镜头最佳成像光圈在f/5.6—f/8之间。

拍摄时，如果光线条件许可，应尽量使用镜头的最佳光圈，这有助于我们得到更优秀的画质。即便所使用的镜头是高素质镜头，例如红圈镜头、金圈镜头等，如果再选定最佳光圈拍摄，则能够进一步提高画质，何乐而不为呢？

由于拍摄的目的是通过光圈的选择来获得最优画质，所以光圈的选择是拍摄前最先要做的事情，这也就意味着应该选择光圈优先模式拍摄，即便是使用手动曝光模式，也应该先将光圈设定好，然后再根据光圈值去选定相应的快门速度。

选择最佳光圈能够得到更清晰的影像

在阴天的光线条件下选择最佳光圈为模特拍照，既可拍摄到清晰的影像，又可获得最优秀的画质。

光圈：f/2.8
快门速度：1/500s
ISO 感光度：ISO100
焦距：70mm

光线充足时使用镜头的最佳光圈拍摄

在光线条件比较好的情况下，使用镜头的最佳光圈可以获得最佳的成像质量。

光圈：f/5.6 快门速度：1/250s ISO 感光度：ISO100 焦距：50mm

42 享受定焦镜头的独特魅力

所谓定焦镜头，就是焦距固定、没有变焦功能的镜头。例如标准镜头，就是一种典型的定焦镜头。定焦镜头成像质量优异，对于被摄体细节的再现能力非常出色。

定焦镜头是一种很有魅力的镜头。相对于变焦镜头来说，定焦镜头镜片结构简单，制作工艺精良，画质更优秀。定焦镜头的最大光圈一般都在达到f/2.8甚至更大，例如标准镜头的最大光圈一般都达到了f/1.4或以上，这就为我们在较暗条件下的拍摄带来了更大的便利。再加上它的对焦速度更高、成像质量更加稳定等，因而深爱资深摄影人士的喜爱。

在最近对焦距离上，定焦广角镜头一般都比相近焦段的变焦镜头更近。例如佳能的16–35mm镜头，其最近对焦距离是0.42m，而20mm、24mm、28mm等定焦镜头的最近对焦距离都达到0.25m。最近对焦距离近，意味着能够非常近地靠近被摄主体，得到更大的结像。

使用定焦镜头，将带着摄影者学会思考。学会在镜头视角固定时如何开拓更广阔的思路，如何获得更自由的创作空间，利用其在成像质量和其他方面的独特优势拍摄出非同凡响的佳作。

定焦镜头是摄影创作的利器

定焦镜头以其清晰的成像、完美的色彩还原，为我们的摄影创作带来巨大便利。

光圈：f/7.1 快门速度：1/100s ISO 感光度：ISO100 焦距：24mm

定焦镜头制作精良、画质优秀

在光线明暗反差如此之大的情况下，定焦镜头仍有上佳的表现。

光圈：f/8 快门速度：1/300s ISO 感光度：ISO100 焦距：28mm

摄影用光的奥秘

关键词：

光线的方向 · 顺光 · 侧光 · 逆光 · 侧逆光 · 剪影

光线的角度 · 45° —60° 光 · 低角度光线 ·

硬光和软光 · 直射光 · 散射光 · 窗户光 ·

人工光 · 影室灯 · 照明灯 · 夜景灯光 ·

光线的颜色 · 色彩与情感 ·

色彩的对比与和谐 ·

硬汉 · 靓照

43 认识光线的方向与特点

光线方向是指光源与拍摄位置所形成的相对的空间关系。在摄影用光中，是从摄影者的视点按光线照射到被摄体的方向来确定。通常把光线的方向划分为顺光、侧光和逆光三种类型：

顺光。也称正面光、平光，光线照向被摄体的方向与相机镜头的光轴相同或相近，一般指光源与相机夹角15°以内的光线。在顺光的照射下，被摄体受光均匀，受光面积较大，被摄体的投影落到背后，其表面形态和质感大都被正面的光线所湮没，因此，画面反差小，层次不够丰富、缺乏立体感。但同时，顺光因其光照均匀，而呈现出一种饱满、刚毅的风格，特别适合拍摄色彩饱和的画面，即便是在晴好的光线条件下，它也能够像一首抒情散文那样把风光的美丽向人们婉约地述说。由于顺光较硬，我们可以利用它拍摄那些无阴影、不需要明暗层次的凸凹表面。在人像摄影中，这种光线可以掩饰人物皮肤的皱

光线方向示意图

顺光、侧光、逆光的光线方向示意图。

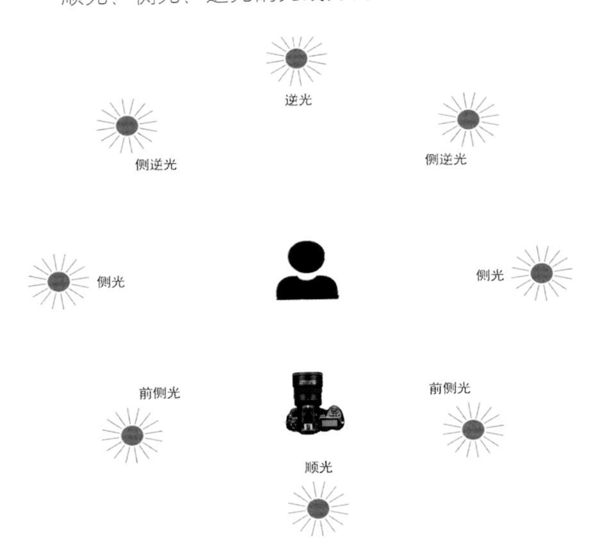

顺光

顺光下的亭子，受光均匀，受光面积较大，画面色彩鲜艳、饱和，给人带来强烈的视觉感。

光圈：f/16 快门速度：1/60s ISO 感光度：ISO50 焦距：21mm

纹和松弛感，使人物显得年轻。用作辅助光时，可以消除不必要的阴影，降低反差。

侧光。也称边缘光，是由相机两侧照向被摄体的光线。包括正侧光、前侧光、侧逆光。侧光的位置变化较多，运用侧光可以很好地表现被摄体的层次、空间感、立体感和轮廓线，使画面的色调（影调）变化丰富。同时，侧光使被摄体的投影落于画面中，可以使画面更具美感，或利用投影营造某种意境。

逆光。也称背面光，是指从被摄体后面与相机镜头相对的方向投射的光线。在逆光的照射下，被摄体边缘会形成一道较亮的线条，而细节却被湮没在背光的黑影之中。逆光能够使被摄主体与背景分离，较好地突出被摄主体的轮廓，使画面有空间感和立体感。逆光可以产生剪影、眩光等特殊效果。逆光拍摄透明或半透明的物体，可以突出它们的质感和透明感。

逆光是富有创意的光线，在风光摄影中，常常利用它来表现多层景物的层次和透视效果。日出日落、朝霞晚霞，以及丛林、厂房里透射过来的光线，都是逆光摄影中最典型的题材，画面明暗对比强烈，富有视觉冲击力。

逆光

在逆光下拍摄深秋的红叶，强调了它们的透明感和质感，让它们有了灵性。

光圈：f/2.8 快门速度：1/1000s 感光度：ISO100 焦距：200mm

侧光

运用侧光可以很好地表现被摄体的层次、空间感、立体感和轮廓线，使画面的色调（影调）变化丰富。它能使被摄体的阴影落于画面中，交待画面的时间信息，还可以强化画面的明暗反差，或利用阴影营造意境。

光圈：f/16
快门速度：1/30s
感光度：ISO50
焦距：24mm

44 顺光表现被摄体的自然形态

表现自然风光的自然形态，顺光可以获得比较理想的效果。顺光下的景物受光均匀，没有多余的投影，影调主要由物体自身的色彩和层次决定。顺光能很好地再现物体的固有色，可以把风光的形态和颜色表现得非常到位。

由于顺光光照均匀，所以曝光也相对容易。在一般情况下，使用数码相机所设定的全自动模式或者程序自动模式就能够得到正确的曝光；场景模式中的风景模式也能够圆满地完成任务。测光方式可选用中央重点测光或平均测光。

顺光由于缺乏立体感，所以并不太被摄影人看好。但是，也绝不能忽略顺光的优势，正是因为顺光的刚毅、饱满，我们可以用它来对被摄体进行细致入微的描绘，以生动的细节感人，让作品更具生命力。

拍摄时，使用镜头的最佳光圈和较低的感光度，可以使画面更加细腻动人。

顺光的特点

顺光下的景物光照均匀，影调主要由其自身的色彩和层次决定。

- 光圈：f/11
- 快门速度：1/250s
- 感光度：ISO100
- 焦距：24mm

顺光下拍摄景物

拍摄顺光下的景物，一般情况下，相机上的全自动模式、程序自动模式和场景模式中的风景模式就能胜任。

- 光圈：f/16
- 快门速度：1/40s
- 感光度：ISO100
- 焦距：150mm

45 顺光下跃动的生灵

顺光往往在摄影中是不被看好的一种光线。但是，我们绝不能忽略顺光的优势，顺光因其光照均匀，亮度充足，可以提高景物的色彩饱和度，使成像清晰、明亮。

根据被摄体的不同和创作需要的不同，我们可以对光圈和快门速度进行相应的设置。

顺光下景物亮度较高，可以在光圈优先模式下选择较小的光圈，可以将主体与背景的相互关系都交待清楚，获得较大的景深，让背景和主体都非常清晰。如果需要以虚化的背景突出被摄主体，则应选择较大的光圈，不过要提高快门速度，防止曝光过度。

当拍摄运动中的对象时，应把曝光模式设置在快门优先模式上。根据被摄体运动的速度对快门速度进行相应的设定。

在动物摄影中，摄影者要注意安全，尤其是拍摄生性凶猛的动物，首先要确保安全。因此，应尽量选择长焦镜头拍摄，选择一个安全、隐蔽的拍摄位置，悄无声息地拍摄。

强调景深时应选择光圈优先曝光模式

通过对景深的控制，使背景与主体相得益彰。

光圈：f/7 快门速度：1/80s ISO 感光度：ISO100 焦距：34mm

强调速度时应选择快门优先模式

将相机曝光模式设置为快门优先，并设置一个较高的快门速度，可以有效地捕捉清晰的瞬间。在顺光下，被摄体较明亮，可以使用较高的快门速度。

光圈：f/8
快门速度：1/2000s
ISO 感光度：ISO100
焦距：300mm

46 顺光下的快乐宝宝

当阳光的方向与我们视线方向相同时，会看到镜头前的宝宝直接沐浴在阳光中，朝向相机的部分全都能接受到光照。宝宝身上几乎没有阴影，拍出的照片比较平淡，但皮肤质感好，色彩鲜艳。

对于初学摄影的朋友来说，顺光是最容易掌握的光线，更容易为宝宝拍出美丽的照片。

用顺光为可爱的小宝贝拍摄照片，成像细腻而且柔和明亮，恰到好处地表现出宝贝的天真浪漫，同时也表达出父母对小宝宝的甜蜜感情。

拍摄时，画面的明暗与色彩的搭配十分重要，应尽量选择明亮的场景和鲜亮的色彩，来有效地烘托画面中欢快的气氛。

光线的角度也要有所注意。例如，让顺光在15°范围内略微地偏离镜头的光轴，能够更好地表现小宝宝的面部表情和光鲜细嫩的皮肤质感。既保证了小宝宝受光的亮度，又可以优化画面明暗对比和立体感。

至于曝光模式的选择，程序自动、光圈优先均可获得满意的效果。

顺光适合表现小宝宝的天真烂漫

顺光比较适合拍摄小宝宝的天真烂漫。拍摄时，如果把顺光光源放在一个略微偏离镜头光轴的角度上，会给画面增加一些有层次的效果。

光圈：f/2.2 快门速度：1/5000s ISO感光度：ISO100 焦距：50mm

顺光下选择曝光模式较为自由

顺光下为小宝宝拍照，程序自动、光圈优先乃至场景模式中的人像模式等都能得到令人满意的效果。

光圈：f/11

快门速度：1/250s

ISO感光度：ISO100

焦距：70mm

47 侧光的迷人魅力

侧光是一种造型能力非常强大的光线。它主要分为正侧光和斜侧光两种。

正侧光通常是指光源与相机镜头或90° 角的光线。它会在被摄体未被照射的一面留下重重阴影，使画面产生强烈的对比效果，立体感很强，画面的亮部和暗部反差很大。

在正侧光下拍摄，由于明暗对比强烈，稍不慎就会使亮部或者暗部失去细节，所以测光非常重要，采用点测光加曝光补偿的方法比较稳妥。

在摄影中，常用的斜侧光主要是前侧光，即从与镜头方向成45° 角的方位照射到被摄体的光线。这种光线的光照效果符合人们的视觉习惯，能够产生良好的光影效果，能够完美地表现被摄体的层次、细节，使被摄体的影调丰富、形态清晰，有真实的立体感。这种光线投影面积适中，画面节奏明快，明暗部位的层次、细节都有良好的表现，是摄影中理想的光线。

在斜侧光下拍摄时，测光采用中央重点测光或矩阵测光基本上都能得到令人满意的效果，如果拍摄时的光线对比较强，加1/3EV或者1/2EV的曝光补偿即可。启用相机的包围曝光功能则更加完美。

正侧光有着强烈的明暗对比效果

正侧光下的景物明暗对比强烈，有很强的立体感受。

光圈：f/11 快门速度：1/160s ISO感光度：ISO100 焦距：38mm

斜侧光符合人们的视觉习惯，有极好的造型效果

前侧光是人们最熟悉的光线，也是摄影爱好者最喜欢的光线，它能够完美展现被摄体的层次和细节。

- 光圈：f/9
- 快门速度：1/200s
- ISO 感光度：ISO100
- 焦距：30mm

48 用侧光塑造铮铮硬汉

正侧光用于拍摄人物时，会形成“阴阳脸”的效果。因为光线从正侧面照射过来，在人物逆光位置会留下重重阴影。

在正侧光作为单一光源的情况下，拍摄出的画面会有强烈的对比效果，对于塑造硬汉形象很有效。

在正侧光下拍摄，由于明暗对比强烈，稍不慎就会使亮部或者暗部失去层次、细节，所以对于测光的把握非常重要。

使用点测光加曝光补偿的方法不错。即使用点测光对准画面亮部测光，然后通过曝光补偿功能进行1/3EV至1/2EV的正补偿，至少试着拍摄3张，完成以后根据自己希望得到的效果从中选择。

还可以选择使用反光板为暗部补光，补光效果可以实时观察、调整，当你对补光效果满意以后再拍摄。

正侧光强烈的明暗反差可以有效地刻画人物性格

按亮部测光并拍摄，刻意保留强烈的明暗反差，以塑造硬汉形象。

光圈：f/3.5
快门速度：1/200s
感光度：ISO100
焦距：100mm

49 美女靓照用光技巧

侧光中的前侧光又称“斜侧光”，在室外人像摄影中往往是指上午9点至11点、下午3点至5点的阳光，这个时候，光线照到人物面部的位置与相机镜头大约成45°角左右。

如果有条件的话，外拍时最好携带一块反光板，拍摄时为暗部补充一些光线，补光时一边观察效果一边调整反光板的位置、角度，待满意后再拍摄。需要注意的是，作为前侧光的阳光，是画面中的主光。所以反光板宜选择黑白两面，不能让反光板反射的光线破坏主光营造的整个画面基调，否则会起喧宾夺主的作用。

人像摄影中理想的造型光线

来自大约45°角的斜侧光线是展示人物细节的理想光线。也是人们最喜爱的光线，它在人物摄影中运用得非常普遍。

光圈：f/7　快门速度：1/80s
感光度：ISO100　焦距：34mm

光圈：f/11　快门速度：1/125s
感光度：ISO100　焦距：30mm

50 逆光让画面中的人物更美

逆光，即从被摄体背后照射过来的光线。在逆光条件下，被摄体的正面隐藏于黑暗之中，只有轮廓被明显地照亮。这种光线，虽然无法反映被摄体的细节，但它产生的轮廓光却非常明亮、诱人。利用轮廓光，我们可以使主体从背景中分离出来，从而使主体更加突出。

相对于顺光、侧光来说，逆光摄影的难度稍大一些，在逆光下按亮部测光拍摄剪影还相对容易，而在侧逆光下拍摄则复杂许多，光照角度与镜头的轴向稍微有些区别，就会产生明显的不同效果，但它奇妙的造型效果非常让人着迷，所以具有一定的挑战性。

在拍摄人像时，以逆光明亮的光环来勾勒人物轮廓，金色线条和耀眼的光晕会给作品增添魅力。一幅清纯少女的美丽形象栩栩如生，跃然纸上，一定会给观赏者留下深刻的印象。

在晴好的天气里拍摄逆光人像，应按画面的亮部测光，然后增加1/2挡至1挡曝光补偿，即可获得满意的效果。

眩光也是逆光摄影中经常遇到的一种现象。当点光源（例如太阳、夜晚的灯光）从被摄体的边缘或者两个物体的缝隙之间透射过来的时候常常会出现这种现象。多数情况下我们要避免出现眩光，但是故意把眩光拍进画面中，并调整好它在画面中的表现，就会得到一种特殊的光影艺术效果。

逆光的特性

逆光时产生的明亮轮廓线放射金光，赋予画面以美丽的效果。特别是当眩光进入画面的时候，会得到一种奇异的光影效果。

光圈：f/2.8 快门速度：1/400s ISO 感光度：ISO400 焦距：35mm

怎样拍摄逆光照片

逆光能够将主体从深暗色的背景中分离出来，有效地突出主体。曝光时应以亮部为基准测光，然后适当地进行正向曝光补偿。

光圈：f/2.8
快门速度：1/500s
ISO 感光度：ISO100
焦距：110mm

51 侧逆光的妙用

侧逆光也称反侧光、后侧光，是从被摄体后面照射过来的光线，它与镜头的光轴形成45°左右的角度。在侧逆光下，被摄体朝向镜头的一面大部分处于阴影之中，另一侧有明亮的受光部分，受光一侧也能够把主体与背景分离，不但使画面非常漂亮，而且能够有效地表现画面的空间感。

拍摄时，应按照画面的亮部测光，然后增加1/2挡至1挡左右的曝光补偿。

在明亮的阳光下运用侧逆光拍摄，被摄体的正面也能得到一定的表现。如果感觉正面亮度不够，可以利用闪光灯或反光板为其补光，补光的亮度一定不要超过侧逆光的亮度。也可以通过曝光补偿的方法让正面更亮，但是补偿要适量，否则会冲淡侧逆光的效果。

不管是在逆光还是侧逆光下拍摄，都应该选择深暗色调的景物作背景，这样可以更好地实现主体与背景的分离，来自后方的光线也会显得更加明亮。

在逆光或者侧逆光中拍摄时，遮光罩的使用非常重要。一只镜头是由几枚或十几枚镜片组成的，逆光拍摄时，这些镜片的反射会相互干扰形成光晕，使画面色彩减淡或出现眩光，给所拍摄的画面蒙上一层薄雾。使用遮光罩，特别是使用内壁经过多重消光处理的优质遮光罩，会在最大程度上避免这种现象，让我们得到干净的画面。

拍摄侧逆光人像的背景选择

为侧逆光下的人物拍照，应选择深暗色调的背景增强侧逆光线的造型效果。

光圈：f/2.8　快门速度：1/500s　ISO感光度：ISO100　焦距：110mm

52 逆光下的风景

在风光摄影中，逆光常常用于表现多层次景物的立体感和透视感。日出日落、朝霞晚霞等都是常见的逆光题材。

拍摄这样的作品应对准亮部测光，然后进行适当的曝光补偿。逆光时的光线条件非常复杂，日出日落、朝霞晚霞的光线面积分布较大，且较均匀；而从丛林、厂房透射过来的光线则与被摄主体的大小、遮挡光线的形态有着很大关系。此时，为了保证亮部测光准确，应选用点测光模式。点测光只对画面中约2–3%面积的区域测光，区域外景物的明暗对测光影响极小，所以测光精度很高。在测光后可根据需要去调整曝光效果，例如是需要剪影还是让前景中的主体有一定的亮度。更为精确的方法是使用点测光模式对被摄体或背景的亮部和暗部分别测光，然后综合分析确定曝光量。

拍摄风景宜采用光圈优先模式拍摄，并将光圈设定在较小的挡位，这样可以获得较大的景深。

以亮部为基准测光，根据表现需要适当进行曝光补偿

逆光下的风光很有魅力，拍摄时，在按亮部测光后进行适当的曝光补偿。

- 光圈：f/18
- 快门速度：1/60s
- 感光度：ISO100
- 焦距：31mm

收小光圈，使近景与远景同样清晰

丛林中阳光扑面而来，放射出万丈光芒，使丛林显得极有诗意。如果想让远景中的树木同样清晰，应选择小光圈。

- 光圈：f/11
- 快门速度：1/60s
- 感光度：ISO100
- 焦距：28mm

53 按亮部测光拍摄剪影效果

在日出日落、霞光满天等逆光的时候，由于未受光照的被摄体被隐藏于阴影之中，会与明亮的区域形成强烈的反差，这种高反差影像极富表现力。在逆光中拍摄剪影效果，无论是风光作品、人像作品还是花草小品，都非常漂亮，惹人喜爱。这种剪影效果能激起无数摄影爱好者的创作激情，创作出无数优秀作品。

拍摄剪影效果，由于画面中存在着极大的反差，测光的准确性非常关键，通常应对准亮部测光，亮部越明亮暗部就会越暗。尽可能地表现出亮部的细节，画面效果会更好。使用点测光模式对准画面中的亮部测光，会保证亮部有足够的层次细节，而逆光的景物则呈现出浓黑的剪影状态。

如果希望适当提高地面景物的亮度，可在测光后将相机改为手动曝光模式，然后增加1/2挡至1挡曝光；也可以在自动曝光模式中以曝光补偿的形式增加曝光。

日出日落时最适合拍摄美丽的剪影

落日、晚霞、热带植物的剪影都十分美丽。亮部的云彩层次分明，令人心旷神怡，给人带来很多联想。

- 光圈：f/11
- 快门速度：1/125s
- 感光度：ISO200
- 焦距：50mm

拍摄剪影应对准亮部测光

按照树叶部位的亮度测光，表现出秋色的诗意，为画面中的人物渲染出浓浓的柔情蜜意。

- 光圈：f/10
- 快门速度：1/160s
- 感光度：ISO200
- 焦距：70mm

54 认识光线的角度

光线角度是指光源与水平线形成的夹角。在自然光线下，光线角度就是阳光与地平线形成的夹角。同光线的方向一样，光线的角度同样会对画面效果产生明显的影响。

自上而下俯射的光线是角度较高的光线。15° —60° 角之间的光线，即上午9点到11点左右、下午3点到6点左右的光线，这是多数摄影爱好者喜欢的光线，因为这种角度的光线用于拍摄风光、建筑、花卉、人物等，可以使被摄体拥有良好的立体感、质感、反差、色彩、线条等。

当太阳上升到上午60°角延续到下午60°角之间时，中午的光线近似垂直地照射大地，被摄体会与天空形成强烈的反差。这个时段的光线也被称为顶光。

光线角度在15° 角以下时的光线是低角度光线，日出或日落时的光线是低角度光线的典型代表。这时的太阳较低，被摄体面向阳光一面的光线较强，而逆光面光线较弱，形成鲜明对比，景物在地面上会有长长的影子。

黎明与黄昏时间，即日出前和日落后的时间里，天空是最亮的部分，天空和地面景物形成具大的反差，处于阴暗之中的景物会失去细部层次，只能看到基本的轮廓。

低角度光线

低角度的太阳光线洒向沙漠，给行进中的驼队投射出长长的影子，使画面更加丰满且富有寓意。

光圈：f/7 快门速度：1/100s ISO 感光度：ISO100 焦距：29mm

高角度光线

从较高的位置俯射下来的光线是摄影人用得最多的光线。高角度光线在人像摄影、风光摄影中都有很好的表现。

- 光圈：f/5.6
- 快门速度：1/320s
- 感光度：ISO200
- 焦距：17mm

55 45°-60° 光的诱惑

在自然光条件下，当太阳光从45°至60°左右的角度照射下来的时候，大地上的景物层次分明，质感清晰，人物或景物的亮部和暗部搭配也很合理。因此，40°-60°的光线角度经常被摄影人称之为“黄金光位”，是摄影创作中最理想、最常见的造型光线。

在这种角度下拍摄，测光较容易，一般情况下，中央重点测光、矩阵测光都能获得满意的效果。当地面景物亮度无较大差异或人物着装和背景亮度大体接近时，采用平均测光即可得到不错的效果。这时，摄影者可以把精力集中在构图上，基本上不用担心曝光失误问题。同时，由于此时的光线很明亮，只要不是使用焦距很长的镜头，手持拍摄也很容易拍摄到比较清晰的影像。

45°—60° 的光线很美

在这样的光线下，小宝宝即便是面对阳光照射过来的方向，亦不会感到刺眼，且受光部位亮暗搭配合理。

光圈：f/2 快门速度：1/8000s ISO 感光度：ISO100 焦距：50mm

56 低角度光线的冲击

当光线以低角度照向被摄体的时候，被阳光照到的部位非常明亮，而未被照到的部位则非常阴暗，对比非常强烈。这种光线效果对于刻画刚毅的画面风格很有帮助。

用低角度光线拍摄风光，适宜表现山峰的险峻、岩石的刚硬；拍摄花草题材时，适宜传递积极向上的情感。如果以大面积的暗调烘托极小部分的亮调，画面中的形象会更加突出和抢眼。

用这种光线拍摄人物，适宜表现清新爽朗的硬汉风格。特别是当人物摆姿与神态很到位的时候，再辅之以仰拍的手法，那种高大挺拔的形象会使人物颇具风采。把这样的光线用于刻画人物性格时，可有效渲染人物刚毅、倔强的性格。

在低角度光线下拍摄时的测光必须格外小心，如果想突出画面亮度的强烈对比，应采用点测光的方式对准亮部测光后再拍摄。如果把测光点对准了暗部，画面就会过亮，会失去强烈的对比效果。

低角度光线的特点

低角度光线画面明间对比强烈，有效地刻划了高原男孩的性格，使使画面具有一种坚强的风格。

光圈：f/9 快门速度：1/320s ISO 感光度：ISO100 焦距：33mm

低角度光线下的测光

凌晨，大沙漠的低角度硬调光线，有力地渲染了早起的摄影发烧友们对摄影的钟情。

- 光圈：f/7
- 快门速度：1/500s
- ISO 感光度：ISO100
- 焦距：17mm

硬光和软光的特点

光线的性质是指光线的“软”、“硬”。我们所能看到的光源分两种，一种是自然光，另一种是人工光，而这两种光线都可以分为能产生阴影的硬光和不会产生明显阴影的散射光。

硬光也称直射光。是指由点光源发出的强烈光线，例如明亮的阳光、聚光灯、闪光灯等发出的光线。硬光有高度的方向性，受光物体有明显的亮部和阴影，明暗反差大，立体感强。硬光光源面积越小、位置越远，光线就越硬，而有时候远处的软光也能产生清晰的阴影。

软光也称散射光。它是一种不会产生明显阴影的柔和光线，例如云层蔽日、阴天的光线，以及被柔光设备柔化的硬光、被反光板反射后的硬光等。

软光下物体的亮度反差小，画面影调平淡。这种没有明显方向的散射光线，可用于拍摄柔和基调的风光照片、柔美风格的女性与儿童照片。正如音乐中有铿锵有力的进行曲，也有舒缓平和的咏叹调，散射光带给我们带来的是更加温馨浪漫的情调。

在软光下的摄影基本上不用考虑光线方向的影响，不用顾忌阴影的产生，被摄体的明、暗部分都有令人满意的表现。将相机的曝光模式设为自动挡就可拍摄到不错的照片。如果在拍摄时用直射的人工光源作主光，会使平淡无奇的画面产生令人惊奇的效果。

根据创作构思选择相应的软光或硬光

光线的性质取决于光源的性质。当光源为直射光时，画面中的光线效果就会呈现出有明显阴影的硬光。在摄影实践中，应深刻认识各种光源与光线的性质，并根据创作需要去选择用软光还是硬光。

光圈：f/2.8
快门速度：1/1600s
感光度：ISO100
焦距：85mm

58 明亮清晰的直射光

在明亮的阳光下拍摄时，这时的光线就是较硬的直射光。在这样的光线条件下，被摄体明暗分明，轮廓清晰，表面质感和外部形态都会有完美的表现。

以直射光作为光源或作为主光源拍摄时，对被摄体的受光情况应进行认真分析。

一是看光比。一般情况下，画面的明暗比为4：3时比较合适。

二是看明暗形成的造型效果。例如拍摄人像时，应重点观察人物脸部高光与阴影的位置，处理好眼睛和鼻子下面的阴影与脸部高光部位的关系。拍摄风光作品时，其高光部位也应在我们所希望表现的趣味中心位置上。

至于测光模式的选择，矩阵测光、中央重点测光都能得到满意的效果，如果画面明暗对比过于强烈，可通过曝光补偿来增加1/2挡曝光，适度地加亮暗部，减小对比。

认真分析直射光的特性

晴朗的硬调光线，在风光摄影中有利于表现景物的明暗层次和画面纵深感，给观赏者留下深刻的印象。

光圈：f/14 快门速度：1/50s ISO 感光度：ISO100 焦距：17mm

巧用直射光

在曝光时增加1/2挡曝光，增加暗部的亮度，由于补偿适量，保持了岩石的硬调风格。

光圈：f/16
快门速度：1/60s
ISO 感光度：ISO100
焦距：24mm

59 优雅迷人的散射光

阴天的光线属于散射光，它没有强烈的明暗对比，不适合拍摄硬调风格的作品，但它能产生丰富、细腻的影调层次，没有难看的阴影，在拍摄软调风格的人像作品和风光作品时有独特的优势。在这样的光线下拍摄，即便采用最简单的平均测光模式也能得到不错的曝光效果。

拍摄时，应认真分析被摄体的明暗分布和色彩情况，设法适度增加画面的反差。一是尽量把明暗对比鲜明的被摄体摄入画面，例如背景为天空、主体为大树的场景；二是尽量选择色彩对比明显的被摄体摄入画面，例如红花与绿叶、蓝色大海与白色风帆。通过强调场景自身的明暗对比和色彩对比，会使作品更加出色。在拍摄时，需要特别注意的是：当光线条件很差、场景很暗的时候，可能会用到较低的快门速度，手持拍摄会影响画面的清晰度，此时一定要使用三脚架来确保相机稳定。

散射光线的效果

按照树叶部位的亮度曝光，表现出秋色的诗意，为画面中的人物渲染出浓浓的甜蜜和柔情。

光圈：f/2.8 快门速度：1/50s
感光度：ISO200 焦距：35mm

适度增加散射光下景物的反差，丰富画面层次

增加反差的方法有两种：一是尽量选择亮度对比较强的场景；二是尽量选择色彩对比明显的景物。

光圈：f/4 快门速度：1/2000s 感光度：ISO160 焦距：21mm

60 薄云蔽日——人像摄影的好天气

薄云蔽日时的光线最让我们感到惬意。在这种光线条件下，拍摄出的人物或景物亮部和暗部都有极好的表现。

薄云蔽日天气非常适合拍摄人像。无论是光线角度还是光线性质都堪称完美，不但使人物有丰富的明暗层次，而且成像十分细腻、十分柔和，特别适合为年轻女子和可爱的小宝宝拍照，其亮丽的色彩、丰富细腻的影调定会让人拍案称绝。

在薄云蔽日时的光线下拍摄人像，因场景中不存在强烈的反差，所以，测光方式可选择中央重点测光或矩阵测光，都能够得到理想的曝光效果。

薄云蔽日下的光线效果

薄云蔽日下的光线即有层次又很柔和，令人惬意。

- 光圈：f/2
- 快门速度：1/2000s
- 感光度：ISO100
- 焦距：50mm

61 窗户光——极佳的造型光线

透过窗户照进室内的光线，有很强的造型能力。这种光线经过四周的墙壁反射后会照亮人物背光的阴面，缩小了场景的明暗反差，阴影部位的细节仍有良好的表现。与室外的直射光相比，从窗户照进来的光线尽管也有方向性，但是却显得非常柔和，能使人物的脸部肤色有较好的表现。

因窗户光照射角度的不同、人物距窗口的远近不同，得到的效果也会不同。另外，窗户的朝向不同，也会影响光线的性质。一般来说，阳面窗户照进来的光线更明亮一些，而阴面窗户进来的光线会更柔和一些。墙壁的颜色、房间的大小也会影响光线的性质。浅色墙壁的小房间比大而暗的房间反射的光线多一些，因而背景也更亮一些。

利用窗户光拍摄人像，测光十分重要，最好采用矩阵测光模式进行测光，也可以利用点测光模式对准亮部测光，然后锁定曝光值进行拍摄。无论采取哪种测光模式，在拍摄完成之后，都应及时查看画面效果，以便调整曝光值。

认识窗户光效果

透过窗户进入室内的光线，明暗反差非常适合人像摄影。

光圈：f/4
快门速度：1/60s
感光度：ISO100
焦距：35mm

利用窗户光拍摄时，测光一定要谨慎

窗前的光线有较强的造型能力，能通过墙面反射使背光部位也会有良好的表现。但对测光的要求严格，一定要谨慎对待。

光圈：f/16
快门速度：1/60s
感光度：ISO100
焦距：24mm

62 随心所欲——人工光

人工光，即人造光源，包括影室灯、家用照明灯、闪光灯、烛光、焰火等光源。在这类光源中，有的会产生硬光，如影室灯、闪光灯、钨丝灯、碘钨灯等；有的会产生软光，如日光灯、磨砂灯泡等。在这些光源中，许多硬光还可以设法变为软光，如在影楼中，就常常使用柔光罩、反光伞等将闪光灯发出的光线变成柔和的软光。

各种类型的人工光是摄影用光造型的宝库。我们不仅可以充分发挥不同人工光的特性去拍摄不同题材，而且还可以利用多种方法去调控它们的光照效果，使其更好地为摄影创作服务，让我们的摄影作品更加多彩多姿，创意无穷。

影室闪光灯示例

在影室闪光灯下拍摄的亲亲宝贝。根据拍摄主题的需要，在闪光灯光源前加用了柔光箱，从而实现柔光效果。

- 光圈：f/8
- 快门速度：1/125s
- 感光度：ISO100
- 焦距：59mm

夜景灯光示例

同样是人工光源，由于夜景中的灯光不可调控，只能通过特殊的拍摄手段来达到创作要求。

- 光圈：f/16
- 快门速度：1/30s
- 感光度：ISO100
- 焦距：21mm

63 影室灯的运用

影室灯一般由大功率闪光灯和造型灯组成。影室灯的功率可以人工调节，拍摄时可根据需要进行调整和布光。在影楼中，常见的布光类型有主光、辅助光、背景光、轮廓光、眼神光等。需要注意的是，无论我们使用多少盏影室灯照明，其中必定有一盏灯是主光源。影室摄影对布光、测光与曝光的要求都很严格，需要具备专门的知识。

其实，在自己家里搭建一个简易影棚也很简单，准备一块浅色的背景布和一副稳固的三脚架，光源可用室内照明灯代替；也可以使用独立式闪光灯，把灯头旋转向上，以闪光灯的反射光作照明光源。还可根据拍摄的需要，在前景中放置一些简单的道具。拍摄时，白平衡要根据光源性质做相应调整。

影室灯拍摄现场

影室灯一般会配合柔光箱、聚光筒、反光伞一起使用。

- 光圈：f/8
- 快门速度：1/60s
- 感光度：ISO100
- 焦距：58mm

影室灯布光效果

影室灯的功率可以调节，可根据拍摄需求进行调整和布置。它的布光效果包括主光、辅助光、背景光等。

- 光圈：f/8
- 快门速度：1/60s
- 感光度：ISO100
- 焦距：58mm

64 室内照明灯的运用

常见的室内照明灯主要包括日光灯、钨丝灯和节能灯等。在新闻、婚庆等场合还可见到碘钨灯，而在各大展会上，照明光源更是多种多样，非常复杂。

从释放光线的软硬来看，日光灯、节能灯产生的光线属于软光，在它们的照射下，被摄体没有明显的阴影，受光柔和细腻；而钨丝灯、新闻灯产生的光线则属于硬光，照射景物会产生明显的阴影，画面的明暗反差会比较明显。

在室内照明灯环境下拍摄，选择中央重点测光即可获得准确的曝光，如果是在日光灯等软光源下拍摄，即便是平均测光也不会出现明显的曝光失误。

在室内照明灯拍摄，需要注意两个问题：

一是照明效果受光源功率和照射距离的影响。被摄体距光源越远，所需要的曝光量就越大，而且光线的品质也会受到影响。

二是照明效果会受色温的影响。日光灯的色温约为6600K，而家用的钨丝灯的色温则在2600—2900K左右，如果白平衡设置不对，会使照片偏色。所以在拍摄之前，应根据现场光源对相机的白平衡或色温值做相应的调整。

室内照明灯拍摄效果

照片拍摄于室内大型车展。受照明光源功率的影响，画面深处呈深暗的色调。在摄影创作中，我们可以利用这种暗色背景来使明亮的主体更加突出。

光圈：f/2.8 快门速度：1/60s ISO感光度：ISO100 焦距：51mm

65 夜景中灯光的处理

夜景中的灯光，其光源构成较为复杂，城市和乡村的夜景光线也有很大差别。拍摄时应根据现场情况采取不同的方法。

夜景中的灯光除了起照明作用外，它本身还是画面的组成部分，尤其是城市里的霓虹灯，是夜景照片中一道不可缺少的风景线。

在夜景下拍摄，因被照亮的部位和未被照亮的部位反差极大，所以切忌使用平均测光模式，而应采用点测光方式对准所要表现的景物或人物进行测光，然后根据现场亮度进行适当的曝光补偿；如果现场光线较亮、光照较均匀，也可以使用中央重点测光或矩阵测光模式。

如果以夜景中的灯光作为画面表现的主题，则应采用点测光方式对准光源测光，力求使其保留足够的细节。对于强光源来说，一般不宜作为画面的主体去拍摄。

夜景中光源的成份不同，其色温也不相同，应根据现场光源的具体情况对相机白平衡进行相应的设置。

另外，夜景拍摄时三脚架必不可少。

拍摄夜景的测光方法

拍摄夜景，正确曝光很重要，采用点测光模式比较稳妥。

光圈：f/2.8 快门速度：1s ISO 感光度：ISO100 焦距：14mm

了解光源的色温

拍摄时应注意场景中光源的色温，并进行相应的白平衡设置。也可以通过改变相机色温值来改变画面色调以营造气氛。

光圈：f/8
快门速度：1/30s
ISO 感光度：ISO100
焦距：52mm

66 夜间其他类型的人工光源

在日常生活中常见的人工光源有篝火、烛火、焰火等，这类光源大多发光面积小，照度较弱，色温偏低，在拍摄时应格外小心。

测光方式以点测光为佳，然后根据拍摄需要通过曝光补偿来，使画面更亮。如果想营造真实的现场气氛，则可以以测光数值为准进行曝光。

由于这类光源照度较弱，在光圈值确定后，可能会需要较长的曝光时间。如果没有三脚架，或是为了抓取人物动作，可以通过提高相机感光度来缩短曝光时间。

为了还原现场的真实色彩，应将相机白平衡设置在相应的挡位，也可以有意使用错误的白平衡设置来获得特定的色调。

提高相机感光度来提高快门速度

拍摄稍纵即逝的焰火或抓取人物瞬间动作，快门速度不能太低。此时，可通过提高相机感光度来提高快门速度。

光圈：f/2.8 快门速度：1/8s
感光度：ISO400 焦距：50mm

调整白平衡来渲染特殊气氛

由于蜡烛发光面积很小，测光时以点测光为佳。为了渲染某种特殊气氛，可以通过白平衡设置来实现。

光圈：f/5.6 快门速度：1/5s 感光度：ISO200 焦距：46mm

67 认识光线的颜色

光线表面上看起来好像是“无色”的，但它实际上是有色的。因为我们的眼睛和大脑能够调整感知、适应变化，很难注意到它的色彩罢了。而数码相机的传感器却能真实记录下我们看不到的色彩。

光是一种能量，是电磁辐射的一部分。人眼可以看到的光线在光谱家族中只占很小一部分，这部分光即可见光，其频率从低向高依次按红、橙、黄、绿、青、蓝、紫排列。在可见光光谱中，不同波长的光表现出不同的颜色，我们称之为色光。将全部不同颜色的色光均匀混合后，就形成了白光。我们也可以用三棱镜将一束白光分解成如同彩虹一般的七色彩光。

色彩有三种属性：一是色相。色相是指各种色光的名称和属性，例如红、橙、黄、绿、青、蓝、紫等。在色谱中，这些色彩之间是渐变过渡的，例如橙黄、深蓝、浅蓝、紫红……二是明度。明度是指色彩的明暗深浅程度。在不同色相的色彩中，可以按人眼感觉到的明暗程度将其分出等级来，如黄色感觉最亮，橙和绿次之，而紫色显得最暗；另外，同一色相的色彩，在不同光照下会呈现出明暗不同的效果，光照越强，明度越高，但色彩有时会感觉更淡。三是饱和度。饱和度是指色彩的纯度，也有人理解为鲜艳程度。饱和度高的色彩其固有色的特征越明显，鲜艳度也越高，但有时色彩层次会显得不足，明暗变化也会减弱。

色光的三原色：在对色光的识别中，人眼的生理特征起着重要作用。人眼对色谱中红、绿、蓝三种色彩尤其敏感，故科学家认为人类视网膜上存在有感红细胞、感绿细胞与感蓝细胞。通过这三种色光的不同比例混合生成其他各种色彩。于是把红、绿、蓝三种色彩称为色光的三原色。色光的三原色混合后呈现出白色。数码相机的感光元件（CCD或CMOS）就是根据人眼这一生理特性而设计的，所以拍出的彩色照片符合人类视觉的习惯。

光线似花朵一样万紫千红、五彩缤纷

由于光的存在，我们看见的世界才多姿多彩。掌握光线与色彩的知识，对提高我们作品的表现力会大有帮助。

光圈：f/5.6 快门速度：1/60s 感光度：ISO400 焦距：41mm

68 色彩与情感

不同的色彩会给人不同的感受和联想。色彩本身并没有情感，但是我们由于生活的积累，看到不同颜色时，心理会受到影响，激起一定的情绪和感情。这就是“色彩的情感”。例如以红橙黄为代表的暖色调，使人感到热烈、兴奋；以蓝青为代表的冷色调，使人感到优雅、宁静。又如明快的色彩使人感到清新、愉快，灰暗的色彩使人感到忧郁、沉闷。有的色彩淡雅，有的色彩浓艳。

此外，杂乱的色彩会使人感到不安，悦目、协调的色彩会使人感到平静。而当某种色彩与具体的形象、物体和环境联系在一起时，更易让人有所联想。例如，单纯的红色使人联想起火焰、太阳，这样红色便使人有了温暖、热烈的感觉。

在摄影实践中，我们可以强调某种色彩或者以某种色彩作为基调来渲染作品的主题。红色调给人热情、欢乐之感，可以用来表现火热、生命、活力与危险的感受；蓝色调给人冷静、宽广之感，可用来表现未来、高科技、思维等感受；黄色调给人温暖、轻快之感，可用来表现光明、希望、轻快、注意等感受；绿色调给人清新、平和之感，可用来表现生长、生命、安全等感受；橙色调给人兴奋、成熟之感，可用来表现欢快、喜悦的感受；紫色调给人优雅、高贵之感，可用来表现悠久、深奥、理智、高贵、冷漠等感受；黑色调给人高贵、时尚之感，可用来表现高贵、重量、坚硬、男性、工业等感受；白色调给人以纯洁、高尚之感，可用来表示洁净、寒冷等感受。

用色彩赋予画面情感

红色给人欢乐、热情之感，常用于表现喜庆的场合。以红色作为画面的主色调，有利于渲染欢快、喜悦之情。

- 光圈：f/2.8
- 快门速度：1/60s
- 感光度：ISO100
- 焦距：51mm

69 色彩的对比与和谐

色彩的对比与和谐是摄影构图中经常运用到的。色彩对比就是颜色的对立，色彩和谐就是颜色的统一。处理画面的色彩应该讲究对比与和谐的统一，过分强调和谐，画面会显得过于平淡，而过分强调对比，又会造成色彩不分主次，杂乱无章。

在摄影实践中，巧妙地运用色彩的对比或和谐，能够赋予画面特殊的情调，可以有效地突出作品的主题。两种可以明显区分的色彩叫对比色，包括色相对比、明度对比、饱和度对比、冷暖对比、补色对比、色彩和消色的对比等。色彩对比是摄影中强化作品表现力、提高画面视觉冲击力的重要手段。

色彩的和谐是指同种色配合或类似色配合。同种色之间的微妙差别，类似色之间的渐次转化，都可以形成柔和的色调层次，形成流畅的色调过渡和视觉节奏。画面的和谐有助于表现宁静、舒畅、愉悦的情感。但应该特别注意的是，色彩的和谐，并不仅是色与色之间的类似或接近，还必须有一定的差别与对比，以其差别与对比来体现和谐。

色彩的和谐

色彩的和谐是指同种色或类似色配合，这样可以营造温馨幸福的情调。

- 光圈：f/5.6
- 快门速度：1/60s
- 感光度：ISO100
- 焦距：70mm

色彩的对比

鲜明的色彩对比强调了啤酒的清爽，给人留下深刻的视觉印象。

- 光圈：f/8
- 快门速度：1/125s
- 感光度：ISO100
- 焦距：28mm

营造丰富的影调效果

关键词：

基调 · 中间调 · 高调 · 低调 · 暖调 · 冷调 · 对比色调 · 和谐色调 · 烘托 · 陪衬 · 明朗

70 摄影作品的基调

基调就是摄影作品画面的基本色调。它是由不同的色彩通过适当的搭配而形成的统一、和谐和富于变化的有机结合，在其中起主导作用的颜色，就是色彩的基调，也称作画面的基调。

在黑白摄影作品中，一般将基调分为高调、低调、中间调三种。彩色画面一般也可以分为三种基调，即冷调、暖调、中间调。按照色彩构成的特性，又可以把彩色画面的基调分为对比色调、和谐色调、浓色调、淡色调、亮色调、灰色调等。

基调是画面的主要色彩倾向，它通过带给观赏者总的色彩印象，传达摄影者赋予摄影作品的情感倾向，对于烘托主题思想、表现环境气氛、传递拍摄者的情绪等都有很重要的作用。

对摄影作品色彩基调的设计，应根据作品主题拍摄的需要来确定。基调定下来之后，画面中色彩的安排都要与色彩基调相统一。其他色彩与基调相比，只能起到烘托、陪衬的作用，只有这样，作品才能给人以完美的视觉感受。

冷调营造宁静

以深暗的冷色调渲染郊外夜晚的宁静和星光的神秘，而画面中那一小块鲜亮的颜色又给人以丰富的联想，对作品主题起到了烘托和深化的作用。

- 光圈：f/5.6
- 快门速度：1/360s
- 感光度：ISO200
- 焦距：16mm

暖调营造温馨

暖暖的色彩基调把拍摄者愉悦的心情传达给观赏者，让人联想到幸福美满的生活。

- 光圈：f/11
- 快门速度：1/90s
- 感光度：ISO100
- 焦距：135mm

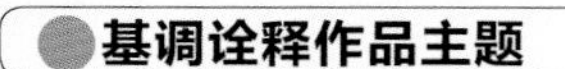

基调诠释作品主题

色彩的基调对于渲染作品主题有极其重要的作用。这幅作品以鲜明的绿色向人们诠释了生活中充满希望与美丽。

- 光圈：f/16
- 快门速度：1/30s
- 感光度：ISO100
- 焦距：70mm

71 广泛应用的中间调

日常生活中大多数场景都属于中间调。中间调是介于明调与暗调、冷调与暖调之间的色调，它是日常摄影活动中运用得最广泛的色调。

中间调的作品明暗恰当、反差适中、层次丰富细腻，能够充分表现人物或景物的立体感、质感和空间感。由于中间调的场景最为人所熟悉，所以能够给人以亲切、真实的感受。中间调被广泛地应用于各种题材的拍摄当中，是众多摄影爱好者喜爱的作品基调。

拍摄中间调作品，由于场景明暗适中，被摄体的色彩、亮度与周边环境没有太大的差异，此时，采用中央重点测光或平均测光即可获得满意的曝光。

基调是指在画面中占主导地位的色调，并不是画面中的全部色调。所以在拍摄中间调作品时，特别是在色彩较浅、亮度较低的场景中拍摄时，应注意寻找深暗色调的成份，并将其摄入画面当中，它会使作品更生动、更鲜活。同理，在色彩、亮度偏暗的场景中，则应刻意寻找偏亮的成分，并将其摄入画面，使画面更加生动。

中间调常用于反映事物真实色彩的摄影作品中，相机的白平衡设置一定要认真对待，在拍摄前应检查一下是否在相应的白平衡模式上，从而做到准确还原事物原本色彩。

中间调的优势

中间调是摄影作品中最常见的基调，它层次丰富而细腻，容易给人以真实自然的感受，传递亲切、详和的情感。

- 光圈：f/4
- 快门速度：1/125s
- 感光度：ISO200
- 焦距：90mm

72 中间调人像

中间调反差适中，层次丰富，有利于人物质感和立体感的表现。在自然光下拍摄人像，背景应选择中间调的，人物与背景的区别可通过对不同色彩的搭配来实现。拍摄室内人像，背景的反光性和吸光性都不能过强，像无纺布、棉布、细灰抹制的墙面等都适合做背景，其色彩也应以饱和度和明度都相对较低的中性色为佳。

根据构思与拍摄的需要，可通过对光线的强度、方向和角度的选择来实现不同的风格。例如，利用上午薄云蔽日时的光线，可以突出女性的柔和、恬静、素雅之美。又如，在晴朗的天气里，利用较低角度的前侧光或正侧光，可以突出男性的阳刚、坚毅之美。

在拍摄环境人像时，为了有效地突出人物，应选择与背景色彩差异明显的服装，例如，在蓝色天空或者绿色草地的背景下，人物着装应尽量选择红、粉红、亮黄等明亮的色调。在拍摄人物特写时，其着装尽管在画面中所占面积极小，但它与人物肤色形成的色彩与亮度对比也会使画面更加生动。

别外，曝光一定要准确。从亮部到暗部的过渡力求做到影调丰富细腻，过渡自然。

拍摄中间调人像

拍摄中间调人像，应在以中间调为基调的前提下，在画面中巧用色彩对比，使画面更生动，主体更突出，给人留下更深刻的印象。

- 光圈：f/11
- 快门速度：1/250s
- 感光度：ISO100
- 焦距：50mm

73 中间调风光

中间调是色彩丰富、富于变化的色调，它的明暗影调分布均匀、反差适中、层次丰富。用中间调拍摄风光作品，易于展示大自然的形象之美、色彩之美，以丰富细腻的影调去描绘美丽的景色。

拍摄中间调的风光作品，应以中间调作为画面的主要基调，赋予画面丰富多样的明暗层次，给人以真实自然、身临其境的感受。为了使作品更具个性，可以使用较大面积的淡调子，但为了体现中间调的风格，保持画面色彩和构图的和谐与均衡，画面中也应该有一定面积的深调子。在以浅调子为主的画面中，一般应以浅调子背景，使深色调的主体更加突出。主体与陪体的关系既可以通过影调对比来突出，也可以通过色彩对比来突出，陪体的影调与色彩应服从、服务于主体，对主体起到烘托、陪衬的作用。

当画面中有明显的明暗影调时，测光一定要非常注意，力求以准确的曝光来使从亮部到暗部的各个影调过渡自然。

作为中间调风格的作品，也应该真实、准确地还原景物色彩，所以应准确地设置相机的白平衡。

处理好主体与背景的色调关系

景物中的主体和背景都为中间调，前景中绿树的深暗色调与天空中白云的明亮色调实现了完美的统一。

- 光圈：f/4
- 快门速度：1/4000s
- 感光度：ISO400
- 焦距：17mm

准确还原景物色彩

尽管画面中的绿色占据了2/3的面积，但是通过白平衡设置，真实地还原了景物色彩。

- 光圈：f/16
- 快门速度：1/60s
- 感光度：ISO100
- 焦距：24mm

74 简洁明朗的高调

高调，也称为亮调，通常把影调浅淡的照片称为高调照片。高调照片以亮白、浅淡色调的景物为主，深色调只占少部分，画面简洁、清新、明朗。

在高调照片中，虽然以亮调为主，但仍要求有丰富的层次，同时，也应有小面积的深暗色调存在。一般情况下，与大面积浅色调形成对比的深色调应是画面的主体，即拍摄者希望引起观者注意的趣味中心。在大面积浅色调的衬托下，小部分的深色调会显得更突出，能起到画龙点睛的作用。在深色调的衬托下，大面积的浅色调也会显得富有生气。

拍摄高调风格的人像时，服装和背景应该选择浅淡的颜色，应尽量减少人物身上出现的阴影，或者使阴影部分减淡，这样会使高调效果更加明显。

拍摄高调风格的风光时，主体与陪体的色调应为浅色调，背景也应选取浅淡的色调。用光时采用正面光或漫射光，影像会更加柔和、平淡。背影可以是雨雾、云烟，也可以是雾霭中若隐若现的山水。

拍摄高调风格的作品时，如果希望强化高调效果，可在自动测光的基础上再适当地增加的1/2挡至1挡曝光，但是增加的曝光应以高光部位不失去细节为前提。

改变白平衡设置可强化暖调效果

在大面积浅淡色调的基础上，应有小部分的深暗色调存在，这样会使作品更加富有生气。背景应选用浅淡颜色。

光圈：f/4 快门速度：1/125s 感光度：ISO100 焦距：90mm

高调照片示例

在高调照片中，画面里的绝大部分面积的影调为浅淡色调，深暗色影调只占极小的面积。画面简洁、清新、明朗。

光圈：f/5.6
快门速度：1/400s
感光度：ISO100
焦距：135mm

75 高调人像

高调照片的画面上充满了白色和浅色的影调，同时存在极少量的黑色和深暗影调，如头发、眼睛、小道具或服装上的小饰品等。虽然这些深暗色调所占面积极小，却在画面里起着很重要甚至可能是画龙点睛的作用。拍摄高调人像首先要把握好“大面积的浅色和白色+极少量的深暗色和黑色”这个基本要求。

在用光方面，拍摄女性和儿童，应使用顺光或柔和的前侧光，以避免出现太强的反差；而拍摄男性、老人则最好采用较硬的光线。

被摄者应穿白色或浅色的衣服，背景也应选择白色或浅淡的色调，背景越简洁越好。拍室外人像，也要选择浅色调的景物，人物与背景的颜色越接近越好。

为了强化高调效果，曝光时，可在自动测光的基础上，在保证亮部不丢失细节的基础上，适当增加1/3—1挡的曝光。

被摄者的穿着与背景应为浅淡的亮调

为了突出高调的风格，应让画面中的大部分面积充满浅白色调的元素。所以被摄者的穿着与选择的背景都应该是浅淡、明亮的色调。

光圈：f/5.6 快门速度：1/125s 感光度：ISO100 焦距：90mm

深暗色调面积虽小，却很突出

深色的头发、黑亮的眼睛和衣饰上黑色的细线，尽管所占面积极小，却为照片增色很多。

光圈：f/9
快门速度：1/125s
感光度：ISO100
焦距：40mm

高调人像给人沌洁、淡雅的感觉

由于画面中的元素以白色、浅色为主，高调人像能给人轻盈、纯洁、优美、明快、淡雅、宁静的感觉。

- 光圈：f/4
- 快门速度：1/250s
- 感光度：ISO100
- 焦距：135mm

76 高调风光

美丽的大自然千姿百态，风光无限。以明亮色调为主的风光也很常见，如细雨中渐去渐远的景色，大雾中渐次消失的风景，雾色中近景清晰而远景模糊的群山、村庄、河流，还有北国冬天里的霭霭白雪等，这些都是拍摄高调风光照片的理想题材。

拍摄高调风格的风光作品，同样应该让浅淡色调在画面中占大部分的面积。高调照片中的低调景物，有时可能是画面的主体，有时可能是对主体起烘托作用的陪体，它们对主题的表现起了重要作用，要精心安排好它们与高调景物的关系。例如漫天白雪中的一对大红灯笼、蒙蒙细雨中一把亮黄色雨伞，它们在大面积的亮色调中会显得十分突出。

为了突出浅调之浅、白雪之白，可通过曝光补偿功能增加1/3—1挡的曝光。如果画面中有一定面积的暗调存在，而且又是画面表现的重点，为了防止暗调景物失去细节，曝光不宜增加过多。如果画面中的暗调面积很小，而且只是主体的陪衬，则可忽略它的曝光，必要时可使用图片处理软件在后期进行调整。

白平衡设置也非常重要，最精准的办法是选择色温值。拍摄完成后要通过相机的液晶屏检查拍摄效果，以便及时修正。

以浅淡的背景突出近景中的大树

在干净明快的高调作品中，小面积的暗调景物往往是画面的主体。浅淡的背景是对主体的烘托。浅淡的背景面积越大，前景中的调子越深，作品的主题就会越突出。

光圈：f/4 快门速度：1/60s 感光度：ISO100 焦距：75mm

77 凝重庄严的低调

低调，也称暗调，通常把影调浓重的照片称为低调照片。低调照片的影调绝大部分为深暗色调，适于营造庄严、凝重、静穆的氛围，或用于反映沧桑、沉稳的特性。虽然低调照片以深暗影调为主，但也应该有小面积的浅亮色调。由于大面积暗调的衬托，小面积的亮调格外显眼，易于形成视觉中心。

拍摄低调人像作品，被摄者的服饰和背景都应以深暗色为主。采用侧逆光或侧光照明，使被摄者面部阴影浓一些，依照被摄者面部的亮度测光并拍摄。

拍摄低调风光作品，除了选择深色调的景物，陪体的色调也应较深，并且与主体保持协调。此外，还需选择深暗色调的背景。拍摄低调照片的时机可选择特殊天气，比如乌云密布时的景物，可体现出悲壮、沉重的低调意境；早晨、傍晚，由于阳光角度较低，未照射到的景物会显得影调深沉；夜晚也适合拍摄低调作品，月光下、篝火旁都适合拍摄低调作品。

拍摄低调作品时，如果希望强化低调效果，可在自动测光基础上适当减少1/2挡至1挡曝光，但减少曝光应以暗部不失去细节为前提。在低调场景中，亮调景物所占面积很小，所以在测光时，为使亮部保持层次，应以点测光方式对准亮部测光。同时，在低调场景中拍摄，可能会需要较长的曝光时间，所以，应将相机固定在三脚架上之后再拍摄。

低调作品的特性

低调，在摄影中是指浓重深沉的影调风格。在低调作品中，大部分深暗的色调，适于营造宁静、庄严、深沉、高贵的氛围和意境。

光圈：f/2.8 快门速度：1/2000s 感光度：ISO800 焦距：90mm

拍摄低调作品的要点

拍摄低调作品，主体与背景都应尽量选择色彩浓重、影调深沉的景物。同时，作为主体的景物应有一定的亮调存在。虽然亮调所占面积极少，但在背景的衬托下会很突出。

光圈：f/5.6
快门速度：1/60s
感光度：ISO100
焦距：70mm

光圈：f/4
快门速度：1/125s
感光度：ISO100
焦距：100mm

78 低调人像

低调作品以大面积的深暗色调、黑色调为主，浅色调或亮色调所占的面积极少，整个画面显得浓重深沉。

低调风格也分软调和硬调两种。其中的软调是以反差较小的暗调表现被摄体的丰富层次和质感，硬调则是以较大的光比突出被摄主体的轮廓。

拍摄低调人像，被摄主体应穿深色服装，背景也应选择深暗色调的，同时还必须让画面中有小面积的亮调存在。拍摄影楼人像时，可以把侧光、侧逆光作为主光来勾勒人物轮廓，以此方法使人物与背景分离。

因为画面中只有极小范围的亮调，所以应选择点测光模式，这样可以正确反映出亮调区域的层次和细节。如果想进一步压暗低调区域的亮度，可进行负向曝光补偿，但前提是保证亮调区域的细节。

用侧光勾勒出人物轮廓

低调摄影作品，人物与背景都应是浓重的深暗色调或黑色调，同时应采用侧光或侧逆光勾勒出人物轮廓，使人物与背景分离。

光圈：f/13　快门速度：1/60s
感光度：ISO100　焦距：48mm

用背景光将人物与背景分离

在低调摄影作品中，可以在人物使人物身后的背景中打上背景光，使人物与背景分离，这样，既突出了人物，又不失浓重的低调风格。

光圈：f/9　快门速度：1/60s
感光度：ISO100　焦距：38mm

选择点测光方式测光

因为画面中亮调区域很小，应以点测光方式测光，这样才能反映出亮调区域的层次和细节。

- 光圈：f/11
- 快门速度：1/100s
- ISO 感光度：ISO100
- 焦距：80mm

79 低调静物

拍摄低调静物作品，同样应该让深暗色调或黑色调在画面中占较大比例、亮调或浅调占较小比例，刻意加重黑暗深沉的氛围，以强烈的影调对比来表现作品主题传达的情绪。

拍摄低调静物，应该选择深暗或黑色调的背景，让主体处于低调的环境之中。而使主体与背景分离的方法有两种，一是让主体与背景存在色彩差异，二是采用更大胆的方法，把与背景色相似的主体完全湮没或者部分湮没于背景之中，以侧光或侧逆光将其与背景分离。

在作为主体的静物上，应有小面积的白色调或亮色调，在大面积的黑色调或暗色调的衬托下，主体会更加突出。如果主体没有亮调的成份，则应通过一小束直射光照亮关键部位。

拍摄低调静物要控制好测光。最好使用点测光功能，并锁定曝光重新构图并拍摄。如果使用平均测光、中央重点测光、矩阵测光，会导致亮调区域曝光过度，因此，应在曝光之前进行负向曝光补偿，或者在手动曝光模式下减少曝光，其负补偿的幅度或减少曝光的量应根据拍摄的效果再进行调整。

用暗调体现主体的层次和质感

偏软的低调作品，以反差较小的暗影调表现主体的层次和质感，并与背景相分离开来。

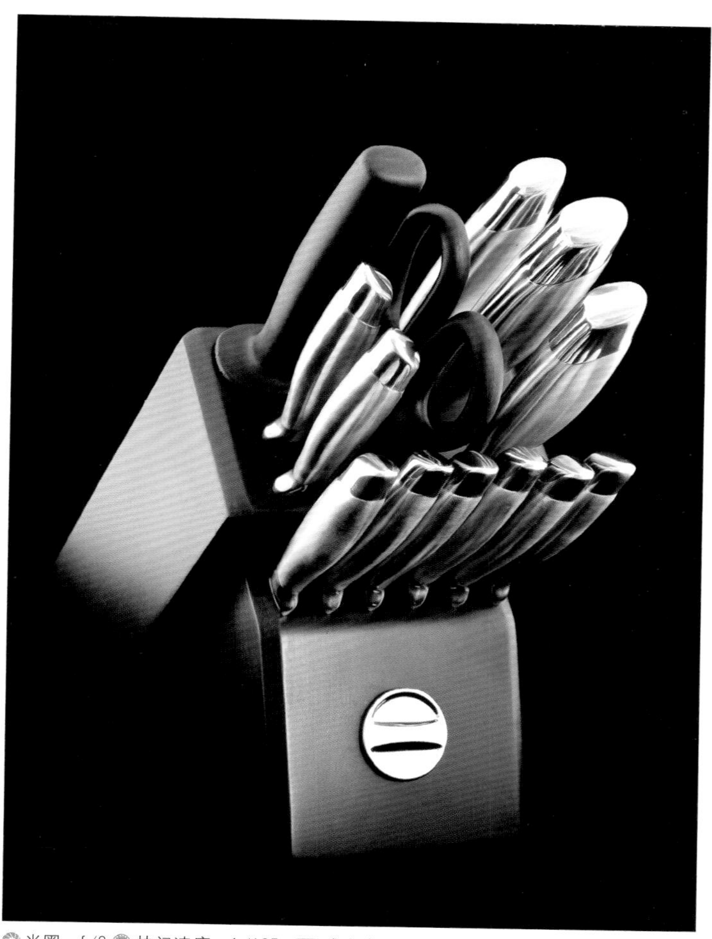

光圈：f/8 快门速度：1/125s ISO 感光度：ISO100 焦距：70mm

以亮调显示主体特征

将大面积主体湮没于黑色的背景中，把极少亮调落在主体的关键部位，以强烈的明暗对比使主体显得熠熠生辉。

光圈：f/2.8
快门速度：1/250s
ISO 感光度：ISO100
焦距：200mm

80 热情进取的暖调

暖色能刺激人的情感，例如太阳和火焰能给人以温暖的感觉，红旗让人有种激情迸发的冲动。

在摄影实践中，选用红、橙、黄构成画面的主基调，让这些暖色在画面中处于主导地位，且占较大的面积，那么这就是一幅暖调作品。这类作品能够表现活力、光明、健康、热情、欢乐、进取，给观者以温暖、热情、欢乐的感觉。

朝霞晚霞、城市夜景中的灯光、热火朝天的炼钢车间、迎风飘扬的红旗、身着红橙黄色衣装的美少女等，都是常见的暖调题材。

不管拍摄人像还是风光，都应该以差异较大的色彩将主体与背景分离，以便有效突出主体，色彩差异越大，主体突出的效果会越明显。

对于中间调的场景或者人物，可以通过改变相机的白平衡来赋予作品暖色调；也可以通过在镜头前加装暖色滤光镜改变进入镜头光线的色温来获得暖调。如果使用闪光灯拍摄，则可以在闪光灯的灯头前方加装暖色片，使闪光灯发射出暖光来使画面具有暖色调。

用红橙黄三色来创作暖调作品

红墙、红色的灯光赋予了景物热烈、积极、朝气蓬勃的气息，使这座古老的建筑也变得年轻了。

光圈：f/7.1 快门速度：2s
ISO 感光度：ISO100 焦距：17mm

改变白平衡可强化暖调效果

为了使作品的暖调效果更加浓郁，可通过改变白平衡设置或者在镜头前加装滤光镜来实现。

光圈：f/16 快门速度：1/400s
ISO 感光度：ISO100 焦距：170mm

81 恬静清新的冷调

由色彩中的冷色为基调所构成的画面即为冷调。冷色是指蓝色、蓝绿、蓝青和蓝紫等颜色，冷色使人联想到大海、月夜，能够给人以清凉的感觉，这种色调适合表现恬静、低沉、淡雅、严肃的内容。蓝色的大海、宁静的月夜等、夜景中蓝色调的灯光、大面积的蓝色天空、身着蓝色衣装的人物等都是创作冷调作品的好素材。

与拍摄暖调作品同理，不管是拍摄人像还是风光，都应该让主体与背景保持较大的色彩差异，以便有效地突出主体，色彩差异越大，主体会越突出。

通过白平衡设置来改变色温，或者在镜头前装上冷色滤镜、在闪光灯灯头前装上冷色滤光片，都可以改变或者强化画面的冷调效果。

冷调作品适合在夜间、清晨或傍晚拍摄，这些时候光线条件较差，需要长时间曝光，所以，三脚架是必不可少的。有了它，我们就可以放心地进行长时间曝光了。当曝光时间超过1秒的时候，会因倒易律失效而导致曝光不足，所以应在测光的基础上再采用曝光补偿，或者在手动曝光模式下增加曝光，增加1—2挡曝光量。

蓝色是构成冷调的基础

由蓝色、蓝绿、蓝青或蓝紫等颜色构成的画面即为冷调画面，冷调适合表现清新、严肃、宁静的题材。

清晨的太阳、升起的飞机，原本是热烈、冲动的题材，但在蓝色基调的背景下，人们却从中感受到了清新宁静的氛围。

- 光圈：f/11
- 快门速度：1/125s
- 感光度：ISO200
- 焦距：28mm

三脚架必不可少

拍摄冷调作品的时机常常发生在光线条件较弱的时候，为了保持相机稳定，三脚架是必备的辅助器材。

这幅照片曝光时间用了20秒，如果没有三脚架，就很难在这样的光线条件下拍摄出这样的效果。

- 光圈：f/18
- 快门速度：20s
- 感光度：ISO50
- 焦距：65mm

82 对比色调浓郁强烈

两种可以明显区分的色彩叫对比色，包括色相对比、明度对比、饱和度对比、冷暖对比、互补色对比、色彩对比等。色彩对比是突出色彩效果的重要手段，也是增强色彩表现力的重要方法。

对比色调就是以两种色相差别较大的颜色搭配所形成的色彩基调，整个画面色彩饱和度大，亮度高，给人以强烈而鲜明的视觉感受。对比色调带有强烈的视觉冲击力，适合表现朝气蓬勃、积极向上的内容。

利用红与绿、黄与紫、蓝与橙和其他对比色调组成的画面具有刺激、鲜明、突出和多样性的特征。所以，在考虑作品的色彩基调时，可以运用蓝、绿、紫与红、黄、橙等色彩进行搭配，形成强烈的冷暖对比，突出画面主体的鲜明特征。也可以利用红与绿、黄与紫、蓝与橙等色彩进行组合，形成互补色对比，也可以更加突出主体。把重点色彩设置在视觉中心位置，最易引人注目。

运用色彩对比时，明确各色彩所占比例很重要。一般来讲，明暗色彩的面积相同时对比效果更加强烈，而不同色彩面积大小悬殊时，将会削弱色彩的对比。色彩的面积越大，对视觉的刺激力越强，反之则削弱，大面积的色彩对比甚至可能会造成眩目的效果。对比双方的色彩距离越近，对比效果越强，反之则越弱，对比色双方呈接触、切入状态时，对比效果更强。一色包围另一色时，对比效果最明显。

对比的色彩基调有强烈的视觉冲击力

采用浅景深使人物的消失点与背景的消失点不在画面的同一侧，制造了异消失点的效果。

光圈：f/8　快门速度：1/320s
感光度：ISO100　焦距：28mm

把主导色放在视觉中心

在设计对比的色彩基调时，把重点色彩设置在视觉中心位置，最易引人注目。

光圈：f/4
快门速度：1/500s
感光度：ISO100
焦距：200mm

83 和谐色调优雅悦目

和谐色调是指用同类色、邻近色、低饱和度的对比色或者用黑、白、灰去配合其他色彩构成的画面色彩基调。它不像对比色调那样富于视觉刺激，但却因其色彩跳跃感较弱而让人感到和谐、舒畅，强化了淡雅、素洁与温馨的效果。

明度强烈的和谐色调也具有强烈的视觉冲击力。一些和谐色调常用黑色、白色来丰富画面的表现力，使画面色彩朴素、典雅，既温和又有丰富的层次，既雅致又爽朗。

人们常用的和谐色调组合方法主要有同类色的和谐（如运用淡绿、绿、深绿等色彩进行搭配）和邻近色的和谐（运用红、红橙、橙、橙黄等色彩来搭配）。

利用同类色构成和谐色调时，应充分利用被摄体色彩的纯度和明度的变化来获得和谐，否则画面会太平淡。例如拍摄人像，被摄者身穿黄色的服装，黄绿色的背景就会使人感觉比较和谐。

邻近色的搭配容易使画面产生和谐 的感觉。利用邻近色拍摄时，应以纯度或明度的变化来增加画面的颜色变化。例如，紫色与蓝色构成邻近色，通过面积对比、明度变化来突出主体。邻近色的搭配要有一定的变化，和谐的效果才更好。

和谐，其实就是色彩的统一。运用色彩统一的原理，对比的色彩同样能够营造和谐的基调。一是当运用饱和度很大的两种色别时，必须将其中一种色别的纯度或明度提高或降低，以减少刺目感，达到和谐的目的。二是可以用改变色彩所占面积的方法使其和谐。例如“万绿丛中一点红”，之所以没有刺目感，是因为通过它们一大一小削弱了对比的效果。三是在两色之间通过其他色彩过渡，或者利用黑、灰、白等消色来配合，也能给人以和谐的感觉。

和谐的色彩基调淡雅温馨

人们常说的和谐色调主要有同类色的和谐、邻近色的和谐及对比色的和谐三种。

光圈：f/4 快门速度：1/500s 感光度：ISO100 焦距：200mm

和谐是色彩的统一

在摄影作品中，一切色彩的安排都要符合色彩的基调，否则，作品就会呈现出不和谐的基调。

光圈：f/9

快门速度：1/400s

感光度：ISO100

焦距：17mm

自然光摄影技巧

关键词：

城市建筑 · 桥梁 · 名胜古迹 · 海滩 · 山脉 · 瀑布 · 海浪 · 湖水 · 女孩 · 创意 · 花卉 · 逆光人像 · 光环 · 纹理 · 梦幻背景 · 精美特写 · 绝招 · 林荫小路 · 补光 · 细腻光线 · 提升反差

84 阳光下如何测光

建筑是一门艺术，那些矗立在都市之中无比壮观的现代化高楼大厦、场馆、桥梁，正是无数建筑设计师献给社会的艺术精品，它们就像跃动的音符，奏响着城市发展的美妙乐章。

这些现代化建筑不仅为我们的城市增光添彩，同时，它们也是我们摄影创作的素材来源。当你把镜头对准它们的时候，有时会从内心深处发出由衷的赞美，感觉到有一股创作的冲动在奔腾。

顺光拍摄晴朗天空下的建筑，从技术层面上来说，相对于阴雨天和夜间拍摄要容易一些，成功率也比较高。

在测光方式上，如果天空是深蓝色的，且建筑物的颜色也较深，两者亮度反差不是很大时，用平均测光可获得准确的曝光。如果天空比较明亮且建筑物的颜色相对较深，或者天空颜色较深，而建筑物颜色很浅，如呈白色或者黄色，在这两种情况下，画面的反差会比较大，所以应该选用中央重点测光更为稳妥。

如果在你的构图中，建筑物不在画面的中心或者接近中心的位置，则应先对准被摄主体进行测光，然后锁定曝光，重新构图并拍摄。

在拍摄外墙为玻璃装饰的建筑物时，玻璃的反光可能会对测光造成影响，此时应在测光的基础上，视其在画面中所占面积比例适当正向曝光补偿。

平均测光

当被摄主体与天空的颜色都较浓，亮度反差不大的情况下，采用平均测光即可得到满意的效果。

光圈：f/16 快门速度：1/40s 感光度：ISO50 焦距：24mm

中央重点测光

当被摄主体与天空之间的亮度反差较大时，应采用中央重点或者矩阵测光。另外，建筑物的外墙如有玻璃装饰，应注意其是否有反光，考虑是否会对测光造成影响。

光圈：f/8
快门速度：1/125s
感光度：ISO100
焦距：28mm

85 阳光下拍摄注意要点

拍摄高层建筑，应根据拍摄距离和景深要求选择合适的镜头。如果想突出建筑物的高大，可选用广角镜头近距离仰角度拍摄，镜头焦距越短，近大远小、下大上小的效果越明显。如果想在照片中还原楼体的真实比例，则应选择较远的距离并找一个较高的位置拍摄，当远距离拍摄时，可使用长焦镜头将建筑物拉近拍摄。拍摄建筑群时，使用广角镜头可容纳更多的建筑物，拍摄出更具纵深感的效果，使用长焦镜头可压缩照片中建筑物之间的距离，突出其密集的效果。

应根据景深需要来确定曝光模式。建筑物是静止的物体，而且拍摄距离一般较远，加上白天足够的亮度，所以，采用程序自动模式一般都能保证足够的景深。如果对景深范围有更精准的要求，则应采用光圈优先模式，并设置相应的光圈值。如果画面中有动体，例如马路上川流不息的车辆、近距离拍摄镜头前跑过的动物、空中掠过的飞机等等，则应选用快门优先模式。选择这个模式时，应注意查看相机自动选择的光圈是否达到你所需要的景深范围。

使用相机的包围曝光功能，并设定相应的拍摄张数，例如3张或者5张，可在拍摄完成之后从中选择曝光准确的照片。在设定白平衡时，选择日光模式即可。或者设定为具体的色温值，然后根据拍摄效果进行更精细的调整。

全景展现画面构图

远距离拍摄建筑物时，可使用长焦镜头。当画面中有动体时，应选择较高的快门速度，同时要注意查看相机自动选定的光圈是否达到我们所需要的景深。

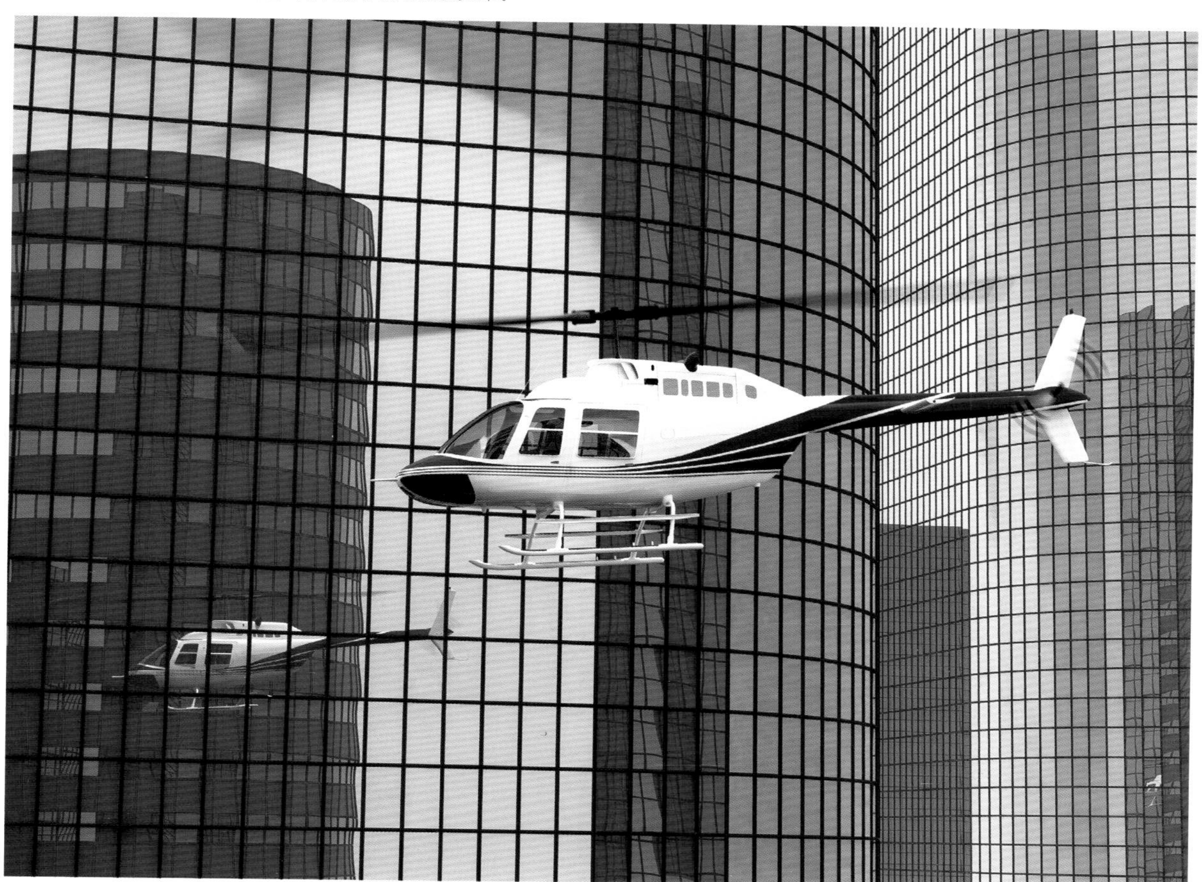

光圈：f/4　快门速度：1/250s　感光度：ISO100　焦距：300mm

86 桥梁——直线与曲线的完美融合

桥梁是一道靓丽的风景，尤其是座落于城市中的大型立交桥，实现了直线与曲线的完美融合，刚毅与柔情的交相呼应，艺术之美魅力十足。拍摄城市桥梁，除了表现它的宏伟之外，更要注意表现它优美的身姿和线条，通过完美的用光来创作出与众不同的摄影佳作。

晴朗的天空有助于我们精细描画。顺光拍摄，可完美地展现细节，而斜侧光拍摄，有利于展示画面层次和细节，同时，其阴影部位更能彰显景物轮廓，使画面更具立体感。拍摄角度可根据自己的创作意图去选择。而当需要展示桥梁全貌时，则应选择较高的拍摄位置，利用俯视的角度去拍摄。俯拍时，无论是侧光还是顶光，都能使画面有良好的表现。

在晴朗的光线条件下逆光拍摄，这是一种大胆的拍摄方法，在明亮的背景下，桥体会独显风姿，因为它们在逆光中会显得灰暗，这就对曝光的准确性提出了更高的要求。曝光量大，桥体会明亮起来，但背景将会失去层次，曝光量小，背景的曝光会有很好的再现，但桥体会损失细节。所以，对曝光的控制要以对细节表现的要求为标准。或者采用包围曝光，一次连拍3至5张，从中选取曝光效果理想的照片。

逆光拍摄对曝光的准确性要求更高

逆光拍摄难在暗部细节的表现，可采用包围式曝光方法。

光圈：f/8 快门速度：5s ISO 感光度：ISO100 焦距：17mm

俯拍的角度适于拍摄全景

如果要展示立交桥全貌，宜选取一个较高的拍摄位置以俯视角度拍摄。

光圈：f/8
快门速度：1/125s
ISO 感光度：ISO100
焦距：50mm

87 名胜古迹中的建筑物

晴朗的天气下拍摄名胜古迹，在曝光模式的选择上没有太多的要求，但是以拍摄建筑物为主时，最好能使用较大的景深，使主体与前景背景都能够清晰地再现。所以，最好采用光圈优先模式，在测光之前先把景深范围确定下来，然后由相机根据所设定的光圈去确定相应的快门速度。

在镜头的选择上，以广角镜头为宜，这样可以较近距离地去拍摄，同时，在拍摄较高大的建筑时，利用仰角拍摄，还可以把景物拍得更高大一些。如果远距离拍摄，则应选择较长焦距的镜头以剔除多余的环境因素。

在顺光条件下拍摄，能够细腻地表现建筑的细节，而斜侧光则有利于增强建筑的立体感。早上9点之前和下午5点之后，天空的光线仍保留有一定的亮度，景物的阴影会很长，景物前方的人物或体积较小的陪体也会留下长长的影子，这对于渲染气氛会很有帮助。在这个时段拍摄，因其明暗反差较大，所以对曝光的要求会更高，景物的亮部与暗部的层次都应该同时兼顾，而不应使任何一端出现细节丢失的情况。在第一张拍摄完成以后，应立即通过相机背后的液晶屏幕上调出直方图仔细察看，以及时修正曝光数据，或者采用包围曝光的方法多拍几张，以便做更精细的筛选。

斜侧光下更具立体感

在明亮的斜侧光下拍摄时，景物的凹凸部分会出现明显的阴影，合理地利用它，能增强画面的立体感。

光圈：f/9 快门速度：1/250s 感光度：ISO100 焦距：70mm

广角镜头仰拍突显气势

利用广角镜头近距离仰角拍摄高大的建筑古迹，可突显其雄浑伟岸的气势。

光圈：f/11 快门速度：1/160s 感光度：ISO100 焦距：20mm

88 阳光下美丽的海滩

金黄的细沙如柔软的丝被般轻缓地铺向远方，精巧的贝壳、粗犷的海星，还有那一串串游人走过的脚印，把我们的视线延伸到碧蓝的大海，那一波波雪白的海浪，放眼天际，水天一色，令人心旷神怡。透过画面，我们仿佛听到了大海在唱歌，仿佛品到了一对对情侣甜蜜的心声。阳光、沙滩、海浪、仙人掌……阳光下的海滩很美，阳光下的情人更是富有精彩的故事。

拍摄海滩时，采用斜侧光或者顺光可以细腻地表现沙滩、海浪以及沙滩上的人物细节，此外海滩还会更富有层次。逆光或者顶光时的海水容易产生明亮的反光，会造成细节的损失，所以，一般情况下最好不要采用逆光或者顶光拍摄。如果有意拍摄这种效果，则应把海面反光对曝光造成的影响考虑进去，以免造成曝光失误。

如果需要拍摄涌上沙滩的海浪，选择快门优先模式并设定较高的快门速度，可以清晰地捕捉海浪的细节，而将快门速度设定在1/8秒以下，则可以把涌起的海浪拍出梦幻般的朦胧效果，快门速度越低，其朦胧效果会越明显。当使用低速快门拍摄时，一定要使用三脚架来保持相机的稳定。

顺光和斜侧光清晰表现细节

采用顺光或者斜侧光可以细腻地表现沙滩和海浪的层次。如果采用逆光或者顶光拍摄，应注意考虑海面反光对曝光的影响。

- 光圈：f/8
- 快门速度：1/250s
- 感光度：ISO100
- 焦距：50mm

较低的快门增强海浪的动感

使用1/8秒甚至更低的快门速度，可使涌上沙滩的波浪呈朦胧的动态之势。其朦胧的程度可通过快门速度的设定来掌控。

- 光圈：f/22
- 快门速度：30s
- 感光度：ISO200
- 焦距：13mm

89 雄伟的山脉

“横看成岭侧成峰，远近高低各不同。”拍摄连绵起伏的山脉，贵在取其势。一般情况下，我们会站在高处以俯视的角度拍摄，这个时候，取景构图十分重要，一定要把远山连绵起伏的状态表现出来，把近山的雄伟气势表现出来。

在用光上，采用顺光可得到细腻的表现，而斜侧光则可以表现其丰富的层次。

山中多云雾，巧妙地利用云雾所形成的空间透视，可营造更广阔的纵深感。

对于镜头的选择，宜采用广角镜头，可拍摄更广阔的画面，如果采用长焦镜头，可将远山拉近，并压缩山脉之间的距离，更加有效地突出其层峦叠嶂的气势。

对焦应选择在近景中的山体，以近景的清晰来衬托远山的深远，以对近景的准确曝光来衬托远山层次的渐淡渐远。以清晰与模糊来彰显群山的雄伟。

当景色中有湖泊、水面时，应注意观察场景中是否存在反光，并根据构思的需要来确定是正向还是负向曝光补偿。

运用空气透视效果强化空间深度

当山脉中有云雾飘过时，将其拍摄于画面之中，可有效地营造和增强画面的空间深度。

光圈：f/22 快门速度：1/25s ISO 感光度：ISO100 焦距：70mm

顺光和斜侧光清晰表现细节

拍摄群山之中的湖泊，不但能倍显群山的气势，而且可以使作品更具诗意。避开水面上的反光可突显山水的宁静。

光圈：f/16
快门速度：1/125s
ISO 感光度：ISO50
焦距：90mm

90 奔腾之水

瀑布、海浪都是风光摄影家眼里的好题材。它们或倾泻，或奔腾，波澜壮阔，激荡着人们的心灵，每一个瞬间都是佳作。

在晴好的天气下拍摄瀑布，利用顺光，由于光照均匀，受光面积较大，瀑布会呈现出一种柔和、细腻的情调，如一首抒情散文般尽情地再现美丽的景色，能够生动地表现它们的动势，再现水边丰富的色彩，而利用斜侧光拍摄，则会进一步提高明暗反差，可以很好地表现其丰富的层次、线条结构、空间感、立体感和轮廓线，使画面的色调更加层次分明。

选择蔚蓝的天空作背景，可使腾起的浪花更加耀眼夺目，如果天空中飘着几朵白云，更会与腾起的水势遥相呼应，使画面更加壮美。

曝光模式应选择快门优先，不同的快门速度，可使它们展现不同的姿容。以1/250秒以上的快门速度，可清晰地拍下荡起的波涛和点点水花，给人身临其境的感觉。而以1/8秒或者更低的快门速度拍摄，则会使水势如云如雾，飘飘欲仙，向人们展现一种柔美的效果。

低速快门拍摄动感效果

采用快门优先模式，并将快门速度设置于1/8秒或者更低的挡位，可将水势拍出如云如雾、如诗如梦般的效果。

- 光圈：f/16
- 快门速度：1/8s
- 感光度：ISO50
- 焦距：135mm

高速快门清晰捕捉点点浪花

拍摄动态中的水景，宜选用快门优先模式，以不同的快门速度拍摄出不同的动态效果。例如使用1/250秒、1/500秒以及更高的快门速度，可将飞腾的水势拍摄得十分清楚，点点浪花亦清晰可见。

- 光圈：f/8
- 快门速度：1/1000s
- 感光度：ISO400
- 焦距：200mm

91 宁静的湖水

与拍摄瀑布、海浪不同，拍摄湖水重在表现其广阔与宁静。高峡出平湖，美如明镜，是我们拍摄风光的好题材。

光线的选择，以斜侧光或侧光为佳，以山势的明暗反差和丰富的层次来衬托碧蓝安宁的湖水，会使画面在宁静中蕴含着生动。拍摄时，如果天空中飘过几朵白云，则更会使画面生辉。

曝光模式宜选择光圈优先，并将光圈值设置在f/8或者更小的挡位上，以较大的景深精细地刻划湖泊和远山的美景。如果水面的颜色较深或其亮度与整个画面差距不大，使用平均测光和中央重点测光都可得到准确的曝光。如果水面较亮，为避免其对测光产生影响，应使用相机的曝光补偿功能，增加1/3—1挡的曝光。

因为湖水与山景都很宽广，所以，镜头以广角为佳，不但能够拍到更加广阔的画面，而且可以获得更大的景深范围。

拍摄前，最好仔细观察一下所在位置的景色，例如是否有山石、花草等等，同时，应该注意水面上是否有小岛、渔船等，将它们拍到前景中，会让画面更加漂亮。

以侧光或斜侧光线精细刻划细节

拍摄时宜选择侧光或斜侧光，画面的层次、细节会更加清晰。

光圈：f/11 快门速度：1/100s ISO 感光度：ISO100 焦距：60mm

选择光圈优先模式

选择光圈优先模式，并选择较小的光圈，这样可以获得更大的景深范围。

光圈：f/16
快门速度：1/160s
ISO 感光度：ISO50
焦距：39mm

92 阳光下的女孩

一般来说，在晴朗的阳光下拍摄人像，容易产生浓重的阴影，形成强烈的反差，不利于刻画女孩温柔恬美的性格，所以不适合为女孩拍照片。其实，把晴朗的光线与新颖的创意结合起来，同样能够拍出好作品，而且影像更清晰，色彩更鲜明。另外，如果采用一些辅助手段，晴朗的阳光将会成为一支出色的画笔，助我们拍摄出同样具有柔美风格的照片来。

拍摄人像照片，斜侧光能够使人物更立体、更丰满，但是对人物脸部阴影的形状以及所处的位置一定要处理好，使其既能成为刻画人物性格的一个重要的组成部分，又不影响人物的美感。具体地说，眼睑下的阴影不能过大，以能勾画出眼部造型即可，鼻子的阴影打到背光部位后形成一个小小的三角形即可，这两处的阴影都不能过大，过强，否则不但会影响人物形象，而且会影响整张照片的美感。

利用反光板或者其他材料为阴影部位适当补光是一种不错的方法。需要注意的是，补光的亮度一定要弱于主光的强度，使阴影有一定的保留。这样做，不但能保持来自斜侧方向明亮光线的造型优势，同时还能使画面中的女孩形象更加温柔恬美。

对焦时一定要把焦点放在人物的脸部，如果是拍人像特写，则应对准人物的眼睛对焦。

把握好阴影的面积与位置

特别要处理好眼睑和鼻子的阴影，使其既能成为丰富人物形象的重要组成部分，又不影响人物的美感。

光圈：f/2.8 快门速度：1/2500s ISO 感光度：ISO100 焦距：50mm

用反光板为阴影部位适当补光

补光讲究适度，人物脸部的背光部位留有浅浅的阴影，有助于人物的造型，同时又能使人物显得优美恬静。

光圈：f/3.2 快门速度：1/60s ISO 感光度：ISO100 焦距：153mm

用长焦镜头拍摄背景虚幻的女孩

如果选择使用长焦镜头，如200mm镜头，可以轻松拍摄到背景虚化的照片，使阳光下的女孩更加美丽动人。

光圈：f/3.5 快门速度：1/400s ISO感光度：ISO100 焦距：200mm

93 非同凡响的创意人像

有经验的摄影人经常会对初学者说，强烈的阳光下不适合拍摄人像。这句话不无道理，除了塑造男子汉的阳刚之气外，强光造成的那些阴影如果处理不好，的确很难看。

其实，我们应该认识到，直射的光线能够形成清晰的线条、明亮的色彩和鲜明的反差，这对于塑造鲜明的形象、营造欢快的气氛是非常有利的。巧妙地利用这种光线造型的特点，同样能够拍摄出非同凡响的摄影佳作。

拍摄这类照片时，人脸的亮部是画面的重点，所以，测光应以亮部为准，要尽可能地保留亮部的层次和细节。在色彩的选择上，应尽可能地选择比较明亮而又鲜活的画面元素，以更好地渲染愉悦舒畅的画面气氛。同时，要巧妙地处理好亮部与阴影的关系，使阴影能够更好地为造型服务。

如果需要适度地减弱明暗反差，可使用反光板为阴影部位补光。如果没有反光板，也可以使用机顶闪光灯或者热靴式独立闪光灯补光。不管使用何种补光方式，都应该把握好光比，使其不要破坏主光营造的画面气氛。

明亮阳光的造型优势

富有个性的人物造型，加上明亮的天空和栏杆，简洁的画面风格，让人看后感觉十分爽快。而画面中的阴影部分对刻画清晰的人物形象、渲染明亮欢快的气氛也起着不可替代的作用。

- 光圈：f/8
- 快门速度：1/1000s
- 感光度：ISO400
- 焦距：200mm

巧用阴影

人物脚下清晰的阴影，有效地渲染了画面人物旅途的疲惫感同时体现了对远方目标的渴望。

- 光圈：f/2.8
- 快门速度：1/2500s
- 感光度：ISO100
- 焦距：50mm

94 用顺光表现花卉的艳丽

顺光是正面直接照射景物的光线，顺光下的画面基本上不会有阴影，可以真实地表现花朵的色彩和细节，而且画面的风格细腻柔和，可以向观赏者传达平静舒畅的气息。

在顺光下拍摄花朵，对测光没有太复杂的要求，中央重点测光即可得到满意的效果。曝光模式选用相机设定的全自动模式或者程序自动模式就能得到正确的曝光。如果对景深有严格的要求，可以采用光圈优先模式。选用较小的光圈能够得到较大的景深，使前景和背景都有清晰的表现，而选择较大的光圈则可以通过虚化的背景来有效突出主体。

顺光重在表现花朵的真实之美，所以应该认真设定白平衡。在阳光晴好的天气下拍摄，将白平衡设置为日光模式即可，在拍摄完成之后，应及时查看拍摄效果，如果颜色还原不真实，可将白平衡设定为手动模式，对色温值进行精细设定。

光圈优先模式有利于控制景深

测光方式采用中央重点测光。曝光模式一般采用全自动模式或者程序自动模式都可获得满意的效果。如对景深有要求，可将曝光模式设定为光圈优先模式。

光圈：f/2.8
快门速度：1/500s
感光度：ISO100
焦距：200mm

认真查看并调整白平衡设置

真实地还原花朵的色彩非常重要。在拍摄完成之后，应认真查看颜色效果，如有差异应将白平衡设定在手动模式并进行精细调整。

光圈：f/11
快门速度：1/60s
感光度：ISO100
焦距：70mm

95 用侧光表现花卉的质感

侧光是一种非常好用的造型光线。它可分为正侧光和斜侧光两种。正侧光通常是指光源与镜头成90°角的光线。这种光线会在被摄体未被照射的一面留下重重的阴影，使画面产生强烈的对比效果，立体感很强。常用的斜侧光主要是指前侧光，即从与镜头方向成45°角左右的方位照射到被摄体的光线。这种光线是人们最熟悉的光线，光照效果符合人们的视觉习惯，它能够产生良好的光影效果，光照比例均衡，能够完美地表现被摄体的层次、细节，使被摄体的影调丰富、形态清晰，有真实的立体感。

使用侧光尤其是斜侧光拍摄花卉，能够产生良好的光照效果。其光与影的完美组合能够有效地表现花朵的层次细节和质感，且影调丰富，形态清晰，使画面上的花朵更加鲜活动人，给人留下深刻的印象。

拍摄花卉细节，对于镜头没有特殊的要求，但是，广角镜头相对来说锐利一些，对于刻画细节有着先天的优势。如果需要虚化背景，则应首选焦距较长的镜头，以突出主体。

曝光模式设定为光圈优先，可有效地控制画面的景深范围。由于斜侧光存在明显的明暗反差，所以，测光模式以中央重点测光或者矩阵测光方式为佳。如果拍摄现场的光线明暗反差较强，拍摄时最好加1/3挡或1/2挡的曝光，完成拍摄之后通过相机上的直方图对曝光效果进行检查并据实修正。

根据拍摄需要选择镜头

使用广角镜头可使画面的感觉更锐利一些，而使用长焦镜头可以对景深范围进行更有效的控制。

光圈：f/5.6 快门速度：1/200s 感光度：ISO100 焦距：50mm

严格控制曝光效果

斜侧光下画面存在较强的明暗反差，这给曝光带来了一定的难度，拍摄完成以后应及时进行检查并做精细的修正。

- 光圈：f/4
- 快门速度：1/500s
- 感光度：ISO50
- 焦距：135mm

96 用曝光补偿为照片增色

曝光在摄影创作中的意义十分重大，尽管只要我们能够得到准确的曝光，就可以拍出很不错的人像作品。但是，如果我们有意识地增加或减少曝光会出现什么情况呢？

摄影实践告诉我们，在准确曝光的基础上，适度地增加一点曝光，会使画面更加明亮，这对于营造愉悦舒畅的氛围很有帮助，而适度地减少一点曝光，则会使画面的色彩更加浓郁，可为照片的艳丽度加分。这种曝光方法就是摄影技术中的曝光补偿。

所谓曝光补偿，就是拍摄者对相机自动测光所测得的曝光量进行调整，从而得到自己需要的曝光效果。曝光补偿，分为正补偿和负补偿，即增加或者减少曝光，其补偿值一般在±3EV左右，其补偿的级数因相机型号的不同而不同，一般以1/2或1/3EV递增或者递减。

曝光补偿功能对于我们获得正确的曝光非常有用。例如，当我们拍摄逆光中的被摄体时，如果使用相机自动测光功能，往往会出现被摄体亮度过低的情况，这时，我们使用曝光补偿增加1–2挡曝光，就可以提高亮度。

具体的操作方法很简单，在拍摄之前调整曝光补偿即可，其补偿值不宜过大，一般在1/2挡左右为好。可把补偿值分别设定为±1/3或±2/3，然后连拍多张从中选优。

减少曝光可使照片更美艳

在测定曝光的基础上减少1/2挡曝光，使照片的颜色更加鲜艳。

光圈：f/2.8 快门速度：1/1000s ISO 感光度：ISO100 焦距：50mm

增加曝光可使照片更明亮

在自动测光的基础上增加1/2挡曝光，照片看起来更加明亮，有效地烘托了人物的喜悦心情。

光圈：f/2.8
快门速度：1/2000s
ISO 感光度：ISO100
焦距：43mm

97 美丽的逆光人像

当阳光从被摄体背后照射过来的时候，我们将这种光线称之为逆光，逆光的照射角度偏离于相机镜头的轴线时，这时的光线则称为侧逆光。

逆光是一支神奇的"画笔"，有着极好的造型作用。它能在被摄体的轮廓边缘勾上一圈美丽的光环，并使其与背景分离，这对于突出主体和美化主体有着其他方向的光线都无法替代的作用。在被摄体没有被光线照射到的地方会出现浓重的阴影，这对于展示景物细节来说无疑是一种损失。

针对以上两种逆光的特性，我们拍摄逆光作品一般有四种方法：

第一种方法是将人物置身于较暗的背景前，采用点测光的方式以背景亮度测光，在此基础上增加1—2挡曝光。

更精确的方法是，走到距人物较近的地方，运用点测光的方式对准人物脸部测光，然后将相机设定为手动曝光模式，减少1/2—1挡曝光。

这样做，既能提高人物的亮度，又能突出逆光的造型效果，同时还能保持画面的明亮风格。

第二种方法仍是将人物置于较暗的背景前，相机采用点测光的方式按背景亮度测光，然后，使用反光板为人物的正面补光。补光的亮度应弱于逆光的强度背景，否则容易冲淡逆光营造的效果。在拍摄之前，应对补光的亮度进行仔细调整，同时根据需要对补光光源的距离和角度也进行必要的调整。

第三种方法是用闪光灯为人物补光。用于补光的闪光灯，既可以是相机内置的闪光灯，也可以是独立的外置式闪光灯。内置闪光灯往往发光功率很小，只能照亮较近的被摄体。外置式闪光灯功率较大，可以通过与相机上的热靴插座连接。采用外置式闪光灯补光的具体方法如下：

1.根据闪光灯的闪光指数计算拍摄距离或者光圈值。其计算公式为：闪光指数/光圈值=拍摄距离，或者闪光指数/拍摄距离=光圈值。

2.将相机设定为手动曝光模式，根据拍摄所需要的光圈值来确定相机与被摄主体的距离或根据拍摄距离确定光圈值。为了保证补光不对逆光产生影响，光圈值应比计算所得的数据小1/2挡-1挡，或者将拍摄距离计算所求得的数值拉远一些。

3.保持手动曝光模式，以点测光按背景亮度测光，以之前确定的光圈值为基准对快门速度进行调整，然后就可以拍摄了。

在以上几种方法中，第一种方法简便易行，但却会牺牲人物的层次和细节，而第二和第三种方法则能够使逆光效果和人物亮度都得到良好的表现。

第四种方法仍是以点测光的方法按背景亮度测光，保持测光数据不变并开始拍摄。这种方法拍摄出来的照片是剪影效果，常用于朝霞与晚霞时拍摄。和前面几种方法相比，更具独特的魅力。

拍摄剪影效果

以点测光方式按背景亮度测光并拍摄，可得到美丽的剪影效果。这种手法常用于清晨与傍晚时拍摄。

光圈：f/11 快门速度：1/60s ISO感光度：ISO50 焦距：70mm

98 为花卉打上漂亮的光环

很多人在拍摄花卉时都习惯选择顺光或斜侧光，这样的光线很适合精细描绘花卉的美丽。而在逆光条件下拍摄花卉，如果不用反光板或闪光灯补光的话，那份细腻自然的美感很难得到良好的展现，但是却会给人带来一种别样的美，一种闪耀着光环的美。

拍摄前应通过镜头认真观察逆光所产生的光环效果。当阳光从镜头正面照射过来的时候，花卉的四周都会形成美丽的光环，而当阳光偏离镜头光轴一定的角度时，其光环效果也会随之发生变化，与此同时，光源的高度不同，产生的效果也会不同。可根据拍摄意图对光线位置进行调整。

至于曝光模式的选择。应选择光圈优先模式，以便对景深进行有效的控制。而选择大光圈可以获得更小的景深，从而可以将背景虚化。

一般情况下，逆光拍摄时应使用遮光罩，以避免光线进入镜头，出现难看的眩光，并影响画面的清晰度。但是，如果能够巧妙地把眩光控制在画面中特定的位置，就可能会产生一种令人耳目一新的惊人效果。拍摄时应进行大胆地尝试并把它们作为一种画面的创意效果。画面中出现眩光会影响相机的自动测光，导致曝光不足，因此，应增加1/2挡至1挡的曝光，或者在拍摄完之后立即回放查看，对曝光值进行修正。

注意观察光环的状态

光源的高度与照射角度发生变化，花卉的光环效果也会随之变化。拍摄前应根据自己的创作意图对效果进行观察并进行调整。

光圈：f/2.8 快门速度：1/1000s 感光度：ISO100 焦距：300mm

利用眩光拍摄迷人的效果

尝试着让光线甚至光源进入画面，会得到意外的惊喜。

- 光圈：f/4
- 快门速度：1/800s
- 感光度：ISO100
- 焦距：200mm

99 逆光突显花瓣的纹理

以往我们欣赏花卉时，看到的只是它们表面的美。当我们将光线的方向与镜头的光轴正好相反或者稍稍偏离光轴时，光线会穿透花瓣，我们可以看到一个奇异的现象：花瓣的纹理在光线的透射下我们看得一清二楚。这是逆光拍摄的又一种迷人之处。

拍摄这种效果的画面，需要注意拍摄时机、光照角度和背景选择三个方面的问题。一是拍摄时机应选择在明亮的白天。二是处理好逆光的照射角度。光照的角度应从花卉后面正上方或斜侧上方较高的角度照射下来。三是把握好背景的选择。选择颜色浓度较高的背景，或者较暗的背景能够突显光线透射的效果，而背景过亮或者颜色过浅则会冲淡这种效果。

试着把太阳拍进画面，使其成为画面的一个重要元素，效果也会很好。但需要注意的是，一定要使用高速快门，并且尽量缩短在取景器中构图的时间，以免造成眼睛受伤。

将太阳拍进画面

将太阳拍进画面，使明亮的光线与透明的花朵交相辉映，效果会与众不同。但要注意的是构图时眼睛不要长时间地观看取景器。

- 光圈：f/11
- 快门速度：1/800s
- 感光度：ISO50
- 焦距：35mm

选择浓郁色彩的景物作背景

拍摄逆光下凝于花卉上的水滴同样会收到迷人的效果。

拍摄这样的画面时，背景的颜色要浓一些，虚化程度要大一些，这样才能使水滴及其辉映于其中的花朵更加突出。

- 光圈：f/11
- 快门速度：1/125s
- 感光度：ISO100
- 焦距：200mm

100 巧用景深为花朵营造梦幻背景

通过景深原理虚化背景，营造一种梦幻般的氛围，会让鲜艳美丽的花朵更加迷人。

所谓景深，是指拍摄景物的清晰范围，它受光圈、镜头焦距以及拍摄距离的影响。

在镜头焦距和拍摄距离不变的情况下，光圈大时景深小，光圈小时景深大。光圈值、拍摄距离相同时，镜头的焦距越长，景深越小，焦距越短，则景深越大。在光圈和焦距不变的情况下，景深的大小取决于被摄物的距离。距离越远，景深越大，距离越近，景深越小。

巧用景深为花卉营造梦幻氛围，具体拍摄方法如下：

一是将曝光模式设定为光圈优先的挡位，并尽量选用较大的光圈。光圈越大，景深越小，背景虚化效果越明显。二是使用长焦镜头，并尽量使用较长的焦段。镜头的焦距越长，景深越小，背景虚化的程度越大。三是尽量拉开与花朵的距离。距离越远，镜头长焦距的作用就会发挥得越出色。四是精心选择背景。选用颜色浓度较深或者较暗的背景，能使花朵更加突出。选择与花卉的颜色成对比色或者相似色的背景，效果也会不同。如果能使光线或者花朵背后的花朵产生具有抽象风格的线条、斑块，画面效果会更加出色。

以光圈大小控制景深

选用光圈优先曝光模式，通过对光圈大小的调节来控制景深范围的大小。

光圈：f/4 快门速度：1/800s ISO 感光度：ISO100 ■ 焦距：200mm

长焦镜头近距离拍摄有优势

以较长焦距的镜头和较近的距离拍摄，能更大程度地使景深变小，虚化背景。

光圈：f/3.5
快门速度：1/1000s
ISO 感光度：ISO50
■ 焦距：300mm

101 为花卉来一张精美的特写

“特写镜头”原是电影术语，是展现画面独特表现力的一种拍摄手法。它讲求的是把景物或情节的一个局部放大并呈现在银幕上，以造成强烈和清晰的视觉形象，得到突出和强调的艺术效果。在《辞海》中，特写是指“拍摄人像的面部、人体的局部、一件物品或物品的一个细部的镜头。”

特写镜头能使我们拍摄的花朵充满画面，让人清晰地看到其细微之处，如果对画面进行后期特效处理，则产生的震撼力会更加强烈。

拍摄花卉特写，如果想表现其微小的局部，以微距镜头最为理想，常见有50mm、90mm微距镜头。而拍摄一般的特写，人们常用的长焦镜头即可胜任，有的长焦镜头还设有微距功能，但它们的放大倍率往往只有1：4，与微距镜头1：1的放大倍率相比有一定的差距。

拍摄花朵的局部特写，如果主体与背景有一定的距离，例如花蕊与叶片，精确对焦就显得十分重要了，稍有不慎，就可能顾此失彼，把本应清晰的主体拍虚了。

具有微距功能的长焦镜头，微距拍摄时可能无法自动对焦，只能把对焦功能设置为手动挡，用手旋转对焦环或者前后移动拍摄位置寻找焦点。这时一定要谨慎操作并时刻注意保持身体和相机的稳定。

拍摄特写可使用微距镜头或长焦镜头

拍摄花卉特写，微距镜头是最理想的，我们常用的长焦镜头也能够胜任一般的特写拍摄，有的变焦镜头还具有微距功能，十分方便。

- 光圈：f/2.8
- 快门速度：1/200s
- 感光度：ISO200
- 焦距：185mm

将太阳拍进画面

特写镜头拍摄的是花朵极小的部分，所以，对焦时一定要格外小心，稍有不慎就可能造成主体发虚。在对焦的过程中还要时时注意保持身体和相机的稳定。

- 光圈：f/1.4
- 快门速度：1/1600s
- 感光度：ISO100
- 焦距：50mm

102 拍摄花卉的小绝招

外出采风，经常会遇到这种情况：很好的一朵花儿，却因为背景的杂乱而让人无法得到构图简洁的画面，很多人为此而郁闷地离去。不过，如果能有块小小的背景板就好了。其实，这样的背景板完全可以自制，材料也很简单，像硬纸板、薄塑板都可以，在上面铺上不反光的面料即可，最好多制作几块，并铺上不同颜色的面料，把它们装在摄影包里，随时取用，你一定会感到方便至极，再也不用为没有一个好背景而留下遗憾了。

还有一个小绝招，外出时带上一个小小的喷水壶，或者干脆在包里随时放一瓶矿泉水，在拍摄花朵或绿叶时，在上面洒上几滴，那些红花绿叶马上就会变得鲜活生动起来。

自制简易背景板

自制简易的几块背景板，看似简单的事儿，但它们却能为你的创作立大功。

小绝招解决大问题

使用背景板简化背景，再为花朵洒上一些水珠，看似平淡无奇的花朵马上就会变得鲜活生动，人见人爱。最好多制作几块不同颜色的板子，根据花朵的颜色和自己的创意随时调换。

光圈：f/7 快门速度：1/250s 感光度：ISO100 焦距：35mm

103 洒满阳光的林荫小路

拍摄林荫小路，重在表现小路的悠静和温馨，白天的光线比较明亮，可以传达出作者愉悦的心情；而浓郁的树荫既可丰富画面细节，又可以传达悠静清闲的氛围。清晨和傍晚，阳光以较低的角度透过树干和枝叶，林间充满雾气，这时正是我们拍摄林荫小路清悠气氛的最佳时机。

拍摄这样的场景，测光和用光都非常重要。最好是以点测光的方式对准被阳光照亮的部位测光，并以此为基准曝光。这样拍摄既可以使亮部不失去细节，又能使画面的暗部有所表现。也可以增加1/2挡左右的曝光拍摄，使亮部细节不至于有明显的损失，同时又能提升暗部的亮度。

使用广角镜头拍摄，利用其近大远小的透视变形特征，可以营造画面的纵深感，使画面更美。

以画面中的亮部为基准测光

拍摄时应以亮部的亮度为基准，以点测光的方式对准亮部测光。在保持亮部细节的前提下，可适当增加曝光量，以提升暗部的亮度。

- 光圈：f/8
- 快门速度：1/125s
- 感光度：ISO100
- 焦距：28mm

以广角镜头营造小路的纵深感

用广角镜头拍摄林间小路，可利用其近大远小的透视规律营造画面的纵深感。把小路的尽头放置于画面的中心位置，并使近景左右对称，还可以使画面呈现图案般的美感。

- 光圈：f/6.3
- 快门速度：1/90s
- 感光度：ISO100
- 焦距：35mm

104 树荫下拍摄人像不用愁

晴天拍摄户外人像，人们常常喜欢在大树下留影，这就给拍摄者带来了一个不小的麻烦。按树荫之外景色的亮度曝光，人物就会很暗，而按树影下的人物曝光，背后的美丽景色就会一片苍白。让相机自动曝光，无论你采用哪种测光模式，都会出现这样的情况。

不用发愁！我们有一种两全其美的办法，即按背景的亮度测光，同时利用闪光灯为阴影中的人物补光。具体的操作方法如下：

1. 通过“闪光指数/拍摄距离=光圈值”公式计算应该使用的光圈值。

2. 选择光圈优先模式，并根据刚才的计算结果设定光圈值。如果选择手动曝光模式，在拍摄中会有更大的自由度。

3. 选择点测光模式对准人物背后明亮的背景测光，半按快门锁定曝光值，然后重新构图并拍摄。如果选择手动曝光模式，则应该根据测光结果调整快门速度。

4. 如果拍摄的重点为人物背后的景物，那么，人物的亮度应略低于背景的亮度。方法是在手动曝光模式下完成测光并根据测光结果设定快门速度以后，将光圈值缩小1/2挡左右。最完美的方法是开启相机的包围曝光功能，在0.3EV到2.0EV之间连续拍摄1组3张或5张照片，从中选取自己满意的效果。

用闪光灯为树荫下的人物补光

用闪光灯为树阴下的人物补光，其原理是相机的自动曝光组合让景物曝光正确，而闪光灯照亮对镜头前的人物。这种方法也适用于同样场景下的静物拍摄。

光圈：f/5.6 快门速度：1/100s ISO 感光度：ISO200 焦距：35mm

105 以细腻的光线表现女性的柔美

阴天的光线柔和又均匀，非常适合表现女子的柔性之美。它就像一支柔软的画笔，细细地涂抹出女子的美丽。

阴天拍摄人物，首先要注意观察画面的明暗反差，如果人物与背景的亮度差别不大，选择相机的平均测光功能即可，如果反差比较明显，则应把人物安排在画面的中央，则应选择中央重点测光；而反差比较强烈的时候，例如人物的皮肤白皙，而且衣服的颜色也较亮，但背景却比较暗，这时，测光就要格外小心了，最好采用矩阵测光，甚至采用点测光方式对准人物的脸部进行测光，完成测光之后再拍摄。

同样是阴天的光线，但有时很亮，有时很暗，这对于确定曝光值有很大的影响。有时，光线看上去很平淡但亮度很高，此时快门速度一般不会低于1/60秒或1/125秒。而有时光线则比较暗，此时，就需要使用较低的快门速度了，甚至可能它会低于1/30秒。遇到这种情况，保持相机的稳定就显得非常重要了。所以，阴天外出拍摄的时候，三脚架是必不可少的。

阴天的光线对相机的白平衡也会产生影响。在拍摄之前，需要把白平衡设置在阴天或者相应的色温值上，拍摄完成之后，最好查看拍摄效果，并对白平衡做进一步的调整。

选择合适的测光方式

当画面的明暗反差较大时，平均测光会导致曝光过度，使亮部过亮，这时，采用点测光或矩阵测光比较稳妥。

光圈：f/4.5 快门速度：1/125s 感光度：ISO100 焦距：35mm

把握好白平衡

同样是阴天，但不同时间亮度可能会有较大的差异，这样可能会导致偏色。完成拍摄之后应及时查看并修正色温值。

光圈：f/4.5 快门速度：1/500s 感光度：ISO100 焦距：100mm

106 巧用对比提升阴天时照片的反差

在阴天的光线下拍摄人像，不用考虑人物受光部位与阴影部位的比例，背光问题也不明显，所以很容易拍出效果不错的照片。

而要在阴天拍摄出与众不同的作品，就有一定的挑战性了。最常用的手法是通过提升画面的明暗对比和色彩对比，使画面中的人物更加鲜明、生动。

一是明暗对比。如暗的背景衬托明亮的主体，这样能非常有效地突出人物。在对比中，明暗区域的形状和面积大小不同，会产生不同的表现效果，为了突出人物，应使人物在画面中所占的面积大于背景的面积。影调对比明显，界限清楚，能使画面更富有生机，更加活跃、动人。

二是色彩对比。包括色相对比、明度对比、饱和度对比、冷暖对比、互补色对比、色彩和消色的对比等，例如黄和蓝、紫和绿、红和青，深色和浅色，冷色和暖色，亮色和暗色等都是对比色关系。

巧用明暗对比与色彩对比，在阴天你也能拍摄出与众不同的好作品。

以明暗之比提升反差

以暗调的背景衬抵明亮的主体是明暗对比中常用的手法。

光圈：f/8 快门速度：1/125s ISO 感光度：ISO100 焦距：28mm

以色彩对比提升反差

运用色彩的色相对比、明度对比、饱和度对比、冷暖对比、互补色对比、色彩和消色的对比，可以增强反差效果，增强画面的视觉冲击力。

光圈：f/2.8
快门速度：1/200s
ISO 感光度：ISO200
焦距：185mm

107 阴天美丽的花朵

我们在观察任何一种颜色时，总是会同时看到它周围的其他颜色，而色彩对比产生的视觉效果，可以留给观看更加深刻的印象。运用色彩对比，可以提升阴天平淡光线下花朵的鲜明程度，使原本平淡无奇的画面熠熠生辉。

我们可以参照以下方法去实践：一是冷暖色的对比，运用蓝、绿、紫与红、黄、橙等色彩进行搭配。二是互补色的对比，利用红与绿、黄与紫、蓝与橙等色彩进行组合。三是明度的对比，利用不同色彩纯度的景物进行组合。四是饱和度对比，利用色彩饱和度高低不同的景物进行组合。很多相机还具有画面锐度和饱和度调节的选项，这也有助于我们获得鲜艳的效果。照片拍完以后，通过图片软件对照片的对比度进行调整可提升画面的反差，对照片的饱和度进行调整，可提升画面色彩的鲜艳程度。

用好色彩对比

用好色彩对比，可以使画面看起来更加鲜艳。人们普遍认为，这种效果在数码相机上远比传统相机来得强烈。

- 光圈：f/16
- 快门速度：1/100s
- 感光度：ISO100
- 焦距：200mm

通过菜单调整，增强鲜艳效果

很多数码相机，包括数码单反相机、长焦数码相机和卡片机，都具有对照片锐度和色彩进行强化或者减弱的功能，运用这些功能可进一步提高画面的鲜艳程度。景物左右对称，还可以使画面呈现图案般的美感。

- 光圈：f/8
- 快门速度：1/200s
- 感光度：ISO100
- 焦距：50mm

特殊自然光摄影技巧

关键词：

雾景 · 雨景 · 朦胧效果 · 雪景 ·

彩色雪景 · 室内自然光 ·

窗户光 · 辅助光 ·

窗前的逆光效果

108 神秘的雾景

清晨，大雾迷漫，眼前的景物湮没于迷蒙的雾色之中。有的人见此会望而却步，而有的人却觉得这是天赐良机，于是拿起相机忘情地拍摄。其实，在雾气蒙蒙的天气里，我们同样能够拍出好照片。那种变幻莫测的梦幻般的感觉，那种给人以无限想象的空间，是其他任何光线条件都无法比拟的。拍摄神秘的雾景，需要掌握以下几种方法：

选择较暗的前景，造成近暗远亮的透视效果，有利于增强空间纵深感。同时，在雾中，近处景物的色彩饱和度较高，而远处景物的饱和度则较低，选择颜色鲜艳的景物作前景，也能突出地表现这种效果。

光线的方向与角度会影响雾气所生成的空气透视感。在逆光条件下，空气透视效果远比顺光时更加强烈。通过光线方向与角度的选择，我们可以控制对画面空间感的表达。

我们还可通过开大光圈和减小拍摄距离来缩小景深，用近实远虚效果来增强空间纵深感。

在大雾的天气里，尽管眼前的环境看起来挺明亮，但是实际上物体的照度并不足，所以应该适当地进行曝光补偿，否则会导致曝光不足。

另外，大雾天气光线的色温比较高，有时可能会达到8000K，在拍摄前，应对白平衡进行相应的设置，并在拍摄完成之后检查是否偏色并适当地进行调整。

逆光拍摄增强空间纵深感

在逆光条件下，空气透视效果远比顺光下强烈。我们可以通过选择光线的方向或角度来增强空间纵深感。

- 光圈：f/8
- 快门速度：1/60s
- 感光度：ISO100
- 焦距：35mm

以对比的手法营造空间感

在雾气中，近处的景物比远处的景物清晰。拍摄时应尽量选择色彩较鲜艳、亮度较暗的景物作前景，以明暗和色彩的对比来突出空间感。

- 光圈：f/9
- 快门速度：1/125s
- 感光度：ISO200
- 焦距：17mm

109 让雾景中的人物鲜活起来

突出雾景中的人物，比较有效的方法是对比手法。一是色彩的组合与对比，二是明暗对比。

色彩的组合与对比，常用的方法有两种：一是强烈色对比，即光谱中两个相隔较远的颜色组合；二是互补色搭配，即一对互补色进行组合或深浅、明暗不同的两种近色的搭配组合。

在搭配不同色彩时，色彩比例问题同样需要注意。色彩比例不同，给人的感知效果也会不同，当画面中的色彩比例差距很大时，画面会明显地偏向于占主导地位色彩的情感。

一般来说，雾景的色彩都比较灰暗，画面中的人物穿着红、黄、橙等暖色的服装就会显得突出，提高它的亮度、饱和度，突出的效果会更加明显。

明暗对比。如果雾气中的景色呈亮调，如清晨或傍晚的霞光，那么画面中的人物如果呈深暗的色调就会显得突出，最典型的例子就是霞光下的人物剪影。如果雾气中的景色呈灰暗的色调，那么前景中的人物应尽量穿着色彩饱和度和明度较高的服装，这样，既能突出人物，还能以清晰的前景衬托雾中远景的纵深感。

拍摄雾景中的人物，测光是关键。当背景较暗时，如果画面中的人物占据较大面积，应该选用中央重点测光模式，如果人物占据画面面积很小，则应选用点测光模式。当背景较亮并且需要拍摄剪影效果时，也应选用点测光模式，并对准明亮的背景测光。

色彩对比突出人物

在晦暗的雾景中，如果人物身着暖色调的衣装，就会显得很突出。

光圈：f/4 快门速度：1/100s 感光度：ISO100 焦距：42mm

明暗对比突出人物

以亮调作背景，可以使呈暗调状态的人物更加突出。例如雾中剪影。

光圈：f/11
快门速度：1/125s
感光度：ISO100
焦距：70mm

110 雨景和雨中的人物

看似普普通通的雨景可以让拍摄者发挥无限的创意，不过要求拍摄者要独具慧眼，并从雨景中发现美的元素。不管拍摄何种题材的照片，首先曝光要准确，雨景亦如此，此外，摄影者的创意、表现手法和相机相关功能的设置同样不可忽视。

阴雨天的光线属于散射光，它较为柔和，亮度反差很小，影调平淡，不会产生明显的阴影。这样的光线没有强烈的对比，不适合拍摄硬调风格的作品，但是却能够产生细腻的影调，适合表现抒情、浪漫的氛围。在阴雨天条件下拍摄，可通过明暗对比和色彩对比来提升画面的反差，使画面生动起来。

拍摄雨景，重点在于对雨滴形态的表现，宜选用快门优先模式。较高的快门速度可以把雨滴表现得十分清晰，如1/125秒甚至更高的快门速度。较低的快门速度可以刻画出雨水滴落的轨迹，使雨水呈现出如丝一般的效果，这时快门速度应在1/15秒、1/8秒甚至更低，速度越低，丝状效果越明显。当快门速度低于1/60秒时应使用三脚架来保持相机的稳定。

至于拍摄雨景中的人物，首先应注意人物与背景的影调搭配，人物偏亮，则背景应尽量偏暗一些，如人物偏暗，则背景应该更亮一些，以影调的明暗对比来突出人物。

其次，巧妙地利用色彩对比，也可以营造出更加生动的画面效果。例如色彩鲜艳的着装或者雨伞在雨天中会非常鲜明，并能起到活跃画面气氛的作用。

尝试以新颖的构图、与众不同的拍摄角度拍摄雨中的人物，让画面似乎在讲述一个生动的故事，这样可以使你的作品非同凡响。

以快门速度决定雨滴的表现形态

将相机的曝光模式设定为快门优先。较高的快门速度可以将雨滴表现得十分清晰，设定较低的快门速度则可以使雨滴表现出一种梦幻般的效果。

光圈：f/11 快门速度：1/60s ISO 感光度：ISO100 焦距：100mm

让画面中的明暗影调更丰富些

尝试着让画面的明暗影调更丰富些，例如深暗色的背景、明亮的雨滴、镶有红边的透明雨伞、色调偏暗的人物……当这些明暗不同的影调像音符般地交替出现在画面中时，作品的主题不但会更充实，而且色彩也会更丰富。

光圈：f/8 快门速度：1/30s ISO 感光度：ISO100 焦距：50mm

寻找与众不同的拍摄角度

很多人喜欢从室内拍摄窗外的雨景，这样可以免去被雨水淋湿的烦恼。

设想一下，如果我们站在窗外拍摄窗内的人物，并赋予画面一个富于想象空间的故事情节会是什么样子？

窗玻璃上那一串串朦胧的雨滴也会为画面增色。

光圈：f/2.8
快门速度：1/125s
感光度：ISO100
焦距：45mm

透过玻璃拍摄窗外的朦胧

一块看上去很普通的玻璃，在雨景拍摄中却有着惊人的表现力。雨水飘落在窗户玻璃上，形成不规则的水迹，透过这些水迹观看窗外的景色，你会为它所表现出的那种抽象效果而惊奇。

透过窗玻璃拍摄窗外的雨景，一般会选择1/60秒、1/30秒的快门速度，所以最好将相机固定在三脚架上，然后再拍摄。

曝光模式可选择光圈优先，根据自己的创作意图来确定景深大小。对焦点应该对准窗外的景物，所以最好使用数码单反相机拍摄。而采用自动选择对焦点的便携式相机，会导致对焦失误，不宜采用。

使用数码单反相机拍摄

一些便携式数码相机尤其是卡片机，相机会自动选择对焦点，这往往会导致对焦失误。而数码单反相机可以手动对焦，可以透过窗玻璃对窗外的景物进行精确的对焦。

- 光圈：f/4
- 快门速度：1/30s
- 感光度：ISO100
- 焦距：80mm

以三脚架保持相机的稳定

拍摄窗外的雨景，常常会因为光线暗淡而导致过低的快门速度。拍摄前，最好先将相机固定在三脚架上，然后再进行拍摄。

- 光圈：f/8
- 快门速度：1/400s
- 感光度：ISO100
- 焦距：70mm

112 雪景下的测光与曝光

“北国风光，千里冰封，万里雪飘……”每当读起这首精彩的词作，我们都会为分外妖娆的雪域风光而动情，在心中激荡起拍摄的冲动。

拍摄雪景，关键是把握好测光，测光与曝光是否准确，是完美表现迷人雪景的基础。

相机的测光系统是以18%的中性灰作为测光基础的，在一般的光线条件下，例如晴天、阴天等，人物或景物的亮度分布比较均匀，基本上能够得到准确的测光结果。而在拍摄洁白的雪景时，我们就绝不能完全依靠相机的自动测光系统去测光了，雪景中强烈的反射光往往会使测光结果与正确曝光值相差1–2挡。如果按相机的自动测光去拍摄，就会由于曝光不足而导致雪景变为灰白而又难看的颜色，如果拍摄天晴以后的雪景，由于白雪在阳光下的强烈反光，这种灰暗的现象会更加严重。

在雪景下正确曝光的方法主要有两种：一是选择中间调景物测光；二是通过曝光补偿增加曝光。

选择中间调景物测光的方法：首先将相机的测光模式调为点测光或者局部测光，然后将相机对准中间色调物体测光，例如中间调的衣服或者房屋的墙壁等等，测得数据以后，将相机的曝光模式调整为手动曝光并设定相应的光圈和快门速度，也可以在自动曝光模式下利用相机的曝光锁定按钮将测得的曝光数据锁定，然后再构图并拍摄。

通过曝光补偿增加曝光的方法。一般情况下，相机所测得的曝光值会与我们所需要的曝光值相差1–2挡。在拍摄之前，应先设定相机的曝光补偿，其曝光补偿值应设定在1–2挡左右，例如，拍摄阴天中的雪景可增加至少1挡的曝光，而拍摄阳光下有强烈反光的雪景，其曝光补偿不应小于2挡。更精确的方法是按1/3挡或1/2挡补偿分别拍摄3–5张，从中选优。

雪景测光的两种基本方法

一是对准中间色调的物体采用点测光或者局部测光的方法测光，然后锁定曝光值进行拍摄。二是曝光补偿法，在相机自动测光基础上，通过曝光补偿增加1–2挡曝光然后拍摄。

光圈：f/16 快门速度：1/60s 感光度：ISO50 焦距：70mm

113 再现阳光下的雪域

雪后初晴，金色的阳光洒满大地，雪层洁白，景物清新，非常美丽，这是拍摄雪景的理想时刻。如果赶上清晨，景物投射在地面上长长的影子，更是会与景色相映成趣。

拍摄雪景，时间最好选在雪后晴天的早晨或傍晚，这个时候，太阳斜照在雪的表面，雪景画面会格外生动。运用侧光，能够很好地表现雪景的明暗层次和雪粒的透明质感，影调也富有变化，即使是远景，也会产生深远的氛围。利用逆光和侧光，注意寻找雪面上明亮的高光部分和景物投在雪上的影子，画面效果会更加富有魅力。

如果拍摄雪的近景或者特写，应以表现白雪的质感为主，选用侧光或者侧逆光，并使用长焦镜头拍摄。

拍摄时，应适当地进行正向曝光补偿。太阳光下的白雪反光非常强烈，在拍摄完成后，最好通过相机的回放功能及时检查成像效果，并对曝光中可能出现的问题进行修正。

雪后初晴，宜选用侧光或侧逆光拍摄

侧光或侧逆光有利于刻画景物的层次和展现纵深感，未被白雪覆盖的部位、远景中的蓝天白云也会与雪景交相辉映，使画面影调更加丰富。

- 光圈：f/13
- 快门速度：1/500s
- 感光度：ISO100
- 焦距：70mm

将景物的影子拍进画面

清晨或者傍晚，景物会在洁白的雪面上留下长长的影子，这对于丰富画面情节、增加画面影调的变化很有好处，使照片更加耐看。

- 光圈：f/22
- 快门速度：1/25s
- 感光度：ISO50
- 焦距：18mm

114 拍摄雪景的快门控制

飞扬的雪花如鹅毛般飘飘洒洒，让人心醉，所以拍摄时要重在表现它们的形态。此外，拍摄雪景时背景以深暗色为佳，可使细小的雪花有突出的表现。

拍摄飞雪的形态，关键在于快门速度的设置。速度不宜过高，一般用1/30秒或1/15秒为佳。速度过高，细小的雪花在画面上仅仅留下无数的小白点，如果拍摄的场景较大，它们会被湮没于景色之中；而速度过低，雪片会被拉成长长的白线，也难以获得理想的效果。同时，拍摄雪花还要考虑两个因素，一是看雪花的大小，二是看它们飘落的速度。一般情况下，选用1/60秒以及更高的快门速度，可以清晰地刻画雪花的形状细节，而1/30秒或者1/15秒的快门速度即可增强雪花纷纷扬扬的态势，如果继续放低快门速度，画面上会留下它们划过的雪白线条。

拍摄飞雪，一定得注意不要让雪花落在镜头上，造成照片局部模糊或对镜头产生损坏。如果能选择在雪花飘落不到的地方拍摄就最好了，或者用雨伞、雨衣等物品将相机遮挡起来。总之，要注意对镜头的保护。

较低的快门速度可渲染雪花的动感

拍摄飞扬的雪花，关键在于快门速度的选择。以1/30秒、1/15秒的快门速度拍摄时，可以记录下它们飘落的轨迹。

- 光圈：f/8
- 快门速度：1/15s
- 感光度：ISO100
- 焦距：32mm

较高的快门速度可捕捉雪花的细节

当以较高的快门速度拍摄时，例如以1/125秒拍摄，可真实地反映雪花的形状和细节，如果雪花太小，这种清晰的刻画不利于对画面气氛的渲染。

- 光圈：f/3.5
- 快门速度：1/125s
- 感光度：ISO100
- 焦距32mm

115 五彩缤纷的雪景

拍摄雪景，不光是真实地再现白雪之白，其实，只要我们仔细观察雪景的色调，就能发现它会随着时间、光源色温和环境的变化而发生不同的变化。

在清晨和黄昏时的雪天，阳光是红色的，这种低角度的暖色调光线，投射在冷调的雪面上，白雪也会呈现出暖色调，给严寒的冬天带来一片暖意。而月光下的雪景，则会呈现出偏蓝的色调，给画面增添静谧的气息。而夜色中灯光照射下的积雪，也会随光源色温的不同而呈现出相应的色调。

总之，在不同光源和环境下，雪的颜色也不相同。同样的雪，由于周围不同颜色物体的影响，也会使洁白的雪带有不同的颜色。善于捕捉这些，我们所拍摄的雪景会呈现出丰富多彩的效果。

要拍摄带有色彩的雪景，调节相机的白平衡功能对我们渲染或者增强色调效果很有帮助。例如，如果突出画面的红色、黄色或者蓝色，只要将白平衡稍做调整，就可以得到我们想要的效果。

拍摄带有颜色的雪景

白雪并不总是白的，它们会随着光源的色温以及环境变化而呈现出不同的色彩。善于捕捉这些，你的照片会更加美丽。

- 光圈：f/2.8
- 快门速度：1/500s
- 感光度：ISO50
- 焦距：145mm

利用白平衡强调色调

改变白平衡设置会强化画面的色调气氛。例如拍摄夜间灯光下的雪景，将色温调低一些，可以增加严寒之中暖暖的气息。

- 光圈：f/5
- 快门速度：1/30s
- 感光度：ISO50
- 焦距：24mm

116 室内自然光——多情的画笔

晴天和阴天的光线有着很明显的区别，晴天的光线是直射光，明亮且带有明显的方向性；阴天的光线属于散射光，细腻柔和，方向性不明显。与它们相比，室内自然光则既有阴天光线的细腻柔和，又有晴天光线的明亮和方向性，特别是在窗前拍摄的时候，这一点特别明显。很多有经验的摄影师都很喜欢运用室内自然光线进行摄影创作，他们认为，室内自然光是一种富有表现力的光源，有利于渲染真实的环境气氛，可以让他们尽情地去描绘。

利用室内自然光进行摄影创作，可以真实自然地再现场景中的人物或者景物。但是，室内自然光相对于室外光来说要更复杂一些。晴天时，它进入的是窗外直射阳光，而阴天时，它进入的则是天空散射光，受门窗朝向、大小以及季节、天气变化等条件的影响，光线特征也会出现明显的差异。阳光从窗户照射进来的角度不同、人物距窗户的远近不同，得到的效果也不同。从阳面窗户照射进来的光线会更明亮一些，而从阴面窗户照射进来的光线会更柔和一些。另外，墙壁、家具、人物与光源的距离等对曝光也有着极大的影响。

由于受这些情况的影响，我们利用室内自然光摄影时，曝光会更困难一些，我们必须高度重视。在拍摄之前测光时，对现场光线一定要进行认真分析，根据拍摄需要选择合适的测光模式，必要时，应使用相机的包围曝光功能多拍几张，从中选择曝光正确的照片。

在室内自然光线下拍摄要认真测光

室内自然光很有魅力，但要掌握它也有难度，影响其光照效果的因素有很多，必要时可采用包围曝光模式，以不同的曝光值多拍几张。

- 光圈：f/5
- 快门速度：1/30s
- 感光度：ISO50
- 焦距：24mm

117 室内光下如何拍摄小宝宝

在室内自然光中，我们可以把可爱的小宝宝拍摄得非常柔美。

由于室内自然光较为复杂，拍摄时可以采用以下方法：当被摄主体为人物时，应采用点测光的方式，以人物的皮肤为测光点，重点保证人物肤色正常。当被摄主体为室内景物时，如景物明暗反差过大，宁可损失暗部细节，也要确保景物亮部有丰富的层次，以保持室内现场光环境的特有气氛。在窗前等明亮的环境下拍照，可用反光板为被摄主体补光，以减少主体与陪体的亮度反差。利用窗帘挡住直射阳光，可以减小反差，并使光线变得柔和。

此外，室内自然光的亮度要比室外弱很多，如果在临近窗户的位置以大光圈拍摄人像，快门速度还不至于过低，但是，在远离窗户的时候，或者窗外光线较弱的时候，快门速度往往会低于1/30秒甚至更低，这个时候如果手持相机拍摄，很容易会因为相机抖动而导致照片模糊。所以，在测光完成以后一定要看一下快门速度，如果低于安全快门速度，应使用三脚架拍摄。

另外，白平衡的设置，可先设定为日光模式，待拍摄完成以后通过相机背后的液晶屏及时检查，然后再根据情况进行调整。

以人物面部肌肤为测光点

被摄主体与背景因距光源的位置不同，所以亮度也不同，这时应以点测光方式对准人物面部测光。

光圈：f/2.8 快门速度：1/25s 感光度：ISO100 焦距：50mm

调整白平衡还原真实色彩

光源稍有变化就会影响色彩还原。所以，在拍摄完成之后应及时检查色彩状况并根据情况调整白平衡。

光圈：f/1.2 快门速度：1/100s 感光度：ISO400 焦距：85mm

118 巧用窗户光的方向性

室外的阳光透过门窗进入室内，就像一盏带有柔光罩的影室灯一样，为我们提供了一种具有方向性的柔性光源，这对于拍摄人像来说，既能表现人物的轮廓，又能把人物肌肤再现得细腻柔和，真可谓是两全其美。

巧用窗户光的方向性，一是将其作为前侧光使用，二是将其作为正侧光使用。

前侧光即从窗外进来的光线与镜头光轴的角度成45°角左右的光线，它能够细致地表现被摄主体的立体感和质感，更由于室内自然光很柔和，它照射下景物的影调也会非常细腻、丰富，这是人像摄影中最理想也最常见的光线。这种光线非常适合拍摄女性及儿童。

正侧光即从窗外进来的光线与镜头光轴的角度成90°角左右的光线，它有着强烈的明暗反差，人物朝向窗户的一面沐浴在明亮之中，而背向窗户的一面则会有浓重的阴影，在阳光晴好时这种效果最为明显。这种光线适合拍摄男性，有利于表现人物阳刚的性格。

用前侧光拍摄人像

让被摄主体向窗子的一侧挪动，就能得到与镜头光轴成45°角的前侧光，它非常适合拍摄妇女和儿童。

光圈：f/1.2 快门速度：1/100s 感光度：ISO400 焦距：85mm

用正侧光拍摄人像

当被摄主体脸部正对着窗外时，我们就能得到正侧方向的光线，这很有利于刻画人物的神态，同时，由于光比较大，多余的细节会湮没于阴影之中。

光圈：f/2.8
快门速度：1/125s
感光度：ISO400
焦距：100mm

119 向阳的窗户光很明亮

当窗户或房门朝南且室外阳光充足的时候，室内光线就跟室外的阳光一样明亮，有助于我们清晰地描摹人物的表情和动作，充分表现现场环境的空间感，给人一种身临其境的感觉。如果房间内有多扇窗户，挑选在较大的向阳窗户附近拍摄，效果会更好。

仔细观察从窗外或门外照射进屋内的光线，你会发现，就像在室外拍摄一样，通过调整被摄主体或相机的位置，就可以获得不同的效果，如顺光、侧光和逆光等。它就像影室中的主光灯一样，可根据我们的拍摄需要进行调整。

由于室内自然光的反差较强烈，所以测光时应选用点测光对准人物的脸部测光。同时，强烈的反差反而有利于处理画面中杂乱的背景。让亮部欠曝，可在一定程度上压暗杂乱的背景，使主体更加突出。

曝光模式可根据拍摄需要设定。如果需要控制景深，可选择光圈优先模式；如果需要将快门速度控制在安全快门速度以上，则应选择快门优先模式。

快门优先控制曝光时间

为了保证得到较高的快门速度，可将曝光模式设定为快门优先，然后设定自己所需要的快门速度。

- 光圈：f/5
- 快门速度：1/200s
- 感光度：ISO200
- 焦距：50mm

光圈优先控制景深范围

为了有效地控制景深大小，可将曝光模式设定为光圈优先。不过，在测光后一定要注意相机选定的快门速度，它不要低于手持拍摄的安全快门速度。

- 光圈：f/4
- 快门速度：1/100s
- 感光度：ISO200
- 焦距：70mm

120 阴面的窗户光很柔和

阴天的时候，照射进窗内的光线十分柔和。我们可以巧妙地利用这些特性来拍摄细腻柔和的画面，传递出温馨甜蜜的氛围。

阴天的光线从窗外照进屋内的时候，它除了窗户光所特有的方向性之外，还带有阴天散射光的柔和特性，这样的光线特别适合营造细腻的画面。用这种光线拍摄女性人物或儿童，既能使画面具备丰富的明暗层次，又能充分发挥其柔和的特性来表现女性和儿童的恬美。

来自阴面窗户的光线很稳定，只要天气不发生变化，这种光线的变化也会很小。

我们也可以把向阳一面的窗户光线改造为散射光。具体的方法是在窗玻璃上蒙上一层较厚的纱帘、较薄的半透明纸或者较薄的化纤质地的窗帘。如果希望为自己所拍摄的作品加上特定的色调，蒙窗的物品则应带有相应的颜色。

当采用室内散射光拍摄时，特别是将窗户蒙上遮挡物后，光线会明显地减暗，这时，一定要注意快门速度的变化。为了保持相机稳定，应将相机固定在三脚架上然后再拍摄。拍摄人像时，快门速度不宜过低，否则，人物的移动会使拍摄效果大打折扣，拍摄前有必要提醒被摄者努力保持姿势的稳定。

注重突出阴面光线的温柔

以来自阴面的光线作为光源拍摄人像，会得到柔和而又均匀的散射光线，可以突显女性的温柔。

光圈：f/5.6 快门速度：1/250s 感光度：ISO100 焦距：60mm

将明亮的光线改造为柔和的散射光

利用厚窗纱、半透明布料等物品可以将明亮的窗户光改造为柔和的散射光。如果用于遮挡光线的物品带有色彩，还可以赋予画面特殊的色调。

光圈：f/4
快门速度：1/100s
感光度：ISO200
焦距：70mm

121 为窗户光加点辅助光

室内自然光的突出特点是，被摄体受光面与背光面的明暗对比十分强烈。为了减少这种强烈的反差，我们可以加点辅助光，为人物的背光面补光。

辅助光是为未被主光照亮的背光面补光的光线，与主光形成一定的明暗关系，对主光起辅助作用，它决定了景物阴影部分的质感和层次，帮助主光营造整体效果。

用于补光的辅助光，可用反光板获得。除了摄影器材商店里的专用反光板外，白纸板也是不错的选择，它能够反射出柔和无比的光线；金色的板材也可以做反光板，在拍摄人像时，金色能提升被摄主体的魅力，使之呈暖色而显得光彩照人。

选定补光的器材后，可以尝试从不同的位置去反射窗户光，并可以改变光线反射的角度，以求得理想的光线。

用闪光灯补光也是一种好办法。需要注意的是，补光的亮度不应超过作为主光的窗户光的亮度。

用闪光灯补光

用闪光灯补光也是一种简便易行的方法。在补光时需要注意的是，补光的亮度不能超过窗户光。

- 光圈：f/13
- 快门速度：1/160s
- 感光度：ISO100
- 焦距：70mm

将反光板为模特补光

拍摄模特不一定必须在影楼里，运用窗户光加反光板补光的方法，只要将两者进行有机组合，同样能够拍摄出很棒的模特照片。

- 光圈：f/11
- 快门速度：1/160s
- 感光度：ISO100
- 焦距：46mm

用反光板补光

可以用作反光板的物品很多，除了影楼专用的反光板之外，硬纸板或者其他具有反光性能的板材都可以当作反光板使用。为人物补光时应反复移动反光板的位置，寻找最佳效果。

光圈：f/4 快门速度：1/125s
感光度：ISO100 焦距50mm

122 窗前也有逆光效果

当光线从被摄主体后面照过来时，可以获得极具艺术效果的逆光。利用透过门窗照进房间的光线，拍出的逆光照片同样会很漂亮。

拍摄室内逆光照片，首先要明确自己希望得到什么样的效果。如果希望得到剪影效果的照片，在测光时应采用点测光的方法对准背景中明亮的地方测光，并以此为依据进行曝光。

如果希望人物与背景都能有较好的表现，可以在按亮部测定曝光值后将相机改为手动曝光模式，增加1－2挡的曝光。也可以保持相机的自动曝光模式，以曝光补偿的方式增加曝光。

环绕在人物周围的轮廓光会使画面非常漂亮。在采用兼顾曝光法曝光时应注意观察拍照效果，尽量地保留甚至突出漂亮的轮廓光。

兼顾人物与背景的曝光方法

如果希望人物与背景都有良好的表现，可以按亮部测光后适当增加曝光量。

光圈：f/4.5 快门速度：1/200s ISO 感光度：ISO200 焦距：28mm

拍照前影效果

以点测光的方式对准画面中的明亮部位测光，并以此为依据进行拍照即可得到剪影效果。

光圈：f/8 快门速度：1/125s ISO 感光度：ISO100 焦距：70mm

突出漂亮的轮廓光

拍摄时，应仔细观察画面效果，力求在亮部和暗部都有理想表现的基础上，让轮廓光也有好的表现。

光圈：f/4 快门速度：1/250s ISO 感光度：ISO100 焦距：35mm

夜景摄影技巧

关键词：

霞光 · 太阳特写 · 大桥 · 万家灯火 ·

霓虹灯 · 车流光迹 · 炫光 ·

倒影 · 宁静夜色 · 月亮

123 美丽的霞光

多彩的云霞，火红的太阳，美丽的天空……这些绝佳的美景，令无数摄影人无比心动。

尽管彩霞千变万化，但终有规律可寻。

1.无论朝霞还是晚霞，出现的时间较短，一般只有20分钟至30分钟，而且在这段时间里，太阳在逐渐地上升，云霞的形状也在不断变换，稍纵即逝，这就要求我们拍摄时一定要提前赶到拍摄地点，在霞光出现之前做好拍摄位置的选择、画面构图、相机设置等准备工作，待云霞出现时抓紧时机拍摄，不要留下遗憾。另外，朝霞出现以后，随着太阳的升起会越变越亮，天空越来越蓝，而晚霞则随着日落而越变越暗，天色也会逐渐暗下来，这就要求我们在拍摄过程中要及时调整曝光组合。

2.日出日落时光线的色温偏低，大约在2500K—3500K，这时的太阳和云朵都呈现为红橙色，一般来说，拍摄美丽的霞光应以红橙色为基本色调，强调偏红的色调，可将相机的色温调低一些。

3.云朵的形状不同，有的呈朵状，有的呈鱼鳞状，还有片云、水波云、长云或卷云等，这是我们在摄影构图时所要考虑的重要因素。

4.以云霞为被摄主体时，多处于逆光条件，天空与地面景物间的反差较大，拍摄时应以亮部为测光基准，为了使地面景物有一定的层次，可以适当地增加曝光，但尽量不要使亮部细节损失过多。在突出云霞这个主体的同时，对作为陪体的地面景物也应进行精心的选择，例如，金光点点的水波、霞光闪耀的山峰以及近景中呈剪影效果的小树、亭台楼榭等等，会使画面更有诗意。而以地标性景观做前景，会使其所在城市更加光彩照人。

5.这个时候的光线投射角度低，景物会有长长的投影，画面会有很明显的透视效果，这些都是构图时的有利因素，一定要加以利用。

❶ 云霞出现的时间较短，太阳在逐渐升起，云霞的形状也在不断变换，稍纵即逝，一定要抓紧时间拍摄，并及时调整曝光组合。

光圈：f/7　快门速度：1/125s　ISO 感光度：ISO100　焦距：50mm

❷ 在突出云霞这个主体的同时，对作为陪体的地面景物也应精心选择。

光圈：f/2　快门速度：1/15s　ISO 感光度：ISO100　焦距：400mm

❸ 日出日落时的阳光和云彩色温偏低，如果要强调红橙色调，可将相机的色温调低一些。

光圈：f/8　快门速度：1/250s　ISO 感光度：ISO100　焦距：35mm

❹ 彩霞的形状不同，位置也不同，且在不断发生变化。精心抓取它们所呈现的形态，画面会更美。

光圈：f/5.6　快门速度：1/800s　ISO 感光度：ISO200　焦距：18mm

2

3

4

124 大太阳

日出日落时，又红又圆的大太阳十分迷人，而其合适的亮度也为我们提供了拍摄大太阳特写的最佳时机。

拍摄日出，以太阳刚从地平线或海平线上升起呈圆形时为最佳时刻，过早拍不全，过晚的话太阳会发出刺眼的强光，日出时阳光的强度变化很快，应在拍摄前做好准备，当太阳即将升起时，就要处于临战状态，在恰当的时候迅速地按下快门。拍摄日落则以太阳即将落入地平线时为佳，日落时要比日出的速度慢一些，在拍摄时可以精心构图后再拍摄。

拍摄大太阳，首先要保证正确曝光，太阳在画面中的大小、位置等因素都会影响测光，应根据实际情况选择中央重点测光或点测光模式。镜头最好选择200mm以上焦距，焦距越长，太阳在画面中所占的比例也就越大。拍摄太阳时的快门速度通常都比较高，但仍应注意保持相机的稳定，所选定的快门速度不应低于镜头焦距的倒数。例如，使用200mm镜头，至少应选用1/200秒或更高的快门速度。

使用长焦镜头给太阳拍特写

拍摄大太阳的特写画面，宜使用长焦镜头，为了保持相机的稳定，应选择较高的快门速度。

光圈：f/5.6 快门速度：1/800s 感光度：ISO200 焦距：400mm

掌握好拍摄时机

拍摄大太阳，在最佳拍摄时机到来之前就要做好准备工作，在恰当的瞬间迅速按下快门。

- 光圈：f/5.6
- 快门速度：1/800s
- 感光度：ISO200
- 焦距：200mm

125 霞光深处难忘的剪影

拍摄日出日落和霞光时，地面上的景物由于处于逆光状态，极易产生剪影效果，这种高反差效果极具表现力。在这时拍摄人物剪影，会更具浪漫情调。

拍摄人物剪影时，由于画面中存在极大的反差，应选用点测光方式对准画面中的亮部进行测光，这样，亮部可以保证足够的层次细节，而人物呈黑黑的剪影状态，如果希望适当地提高人物的亮度，可以在测光的基础上将曝光模式改为手动，然后增加1/2挡至1挡曝光，或者在自动曝光模式中以曝光补偿的形式增加曝光。

以点测光方式对准亮部测光

在逆光中拍摄剪影，由于存在着极大的反差，所以宜以点测光方式测光。

光圈：f/5 快门速度：1/500s ISO感光度：ISO250 焦距：22mm

尝试着将眩光拍进画面

太阳在镜头中产生的眩光很迷人。尝试着将它拍进画面，尤其是出现大的眩光时，画面效果会非常惊人。

光圈：f/8 快门速度：1/640s ISO感光度：ISO200 焦距：17mm

根据构思确定是否需要曝光补偿

一般情况下，按照亮部确定曝光值后，即可得到满意的剪影效果，如果想提高人物亮度，可适当增加曝光。

光圈：f/4 快门速度：1/640s ISO感光度：ISO100 焦距：40mm

126 彩霞辉映下的大桥

在彩霞的辉映下，跨江大桥如巨人般矗立，雄壮威武。拍摄大桥的时候，首先应考虑画面构图，突显其雄伟身姿。斜线构图、对称式构图都可以完美地再现大桥，刻意表现大桥的钢索、横梁，还可以使画面具有完美的韵律节奏。由于大桥的桥体过于庞大，拍摄时宜选用广角镜头，以其宽广的视角来表现大桥的全貌，营造空间感，渲染宏伟气氛，如果用超广角镜头，画面会更具视觉冲击力。从正面拍摄，可以通过近大远小的透视变形突出大桥的雄壮，从斜侧面45°角的位置拍摄，画面中的大桥就会沿着一条斜线向远处延伸，桥墩、钢索就会呈现出如音符般近大远小的透视效果。

测光时应以彩霞为基准，力求保持丰富的层次，不要曝光过度。在这个基础上，如果需要提升大桥的亮度，可适当正向曝光补偿。

利用相机的白平衡功能可营造创意的色彩基调。例如，可以通过降低色温来突出画面的红黄色彩，显得更加美丽；而提高色温，则可强调天空中的蓝色，突出其夜幕降临时的静谧感。

以完美的构图突显大桥之美

大桥之美，需要完美的构图来体现，所以拍摄之前应做精心的构思。斜线式构图、对称构图是常用的构图方式。拍摄时使用广角镜头，利用其近大远小的特点，更可突出大桥的宏伟，彰显画面空间感，使用超广角镜头效果更佳。

- 光圈：f/8
- 快门速度：1/125s
- 感光度：ISO100
- 焦距：35mm

利用白平衡功能营造富有创意的色彩基调

通过对白平衡进行色温设定，可以赋予画面特定的色调，以烘托情感主题。例如降低色温可突出画面的红黄色，彰显在彩霞衬托之下的大桥之美。

- 光圈：f/16
- 快门速度：1/250s
- 感光度：ISO200
- 焦距：18mm

127 华灯初上时的绚丽

在夕阳的余晖之中，夜幕降临，华灯初上，这是一片非常迷人的夜景。

拍摄傍晚华灯初上的美景，晚霞是地面景色的必不可少的陪体。为了兼顾地面景物和晚霞的曝光，拍摄时机非常重要，一定要抓住余晖尚明、华灯渐亮这个关键时刻，稍有迟缓，天空的亮度就会变暗。

此时光线的变化较快，测光的重点是地面景物，应采用点测光的方式对准地面测光，如果画面中亮部面积较大，也可采用中央重点测光方式。由于景物亮度分布不同，测光方式也应灵活运用。实践证明，如果采用点测光方式，曝光时应适当增加曝光；如果采用中央重点测光方式，在曝光时应适当减少曝光。两者均可采用正向或向负补偿的方法去实现。为了确保曝光正确，每次拍摄完成之后应及时查看拍摄效果并予以修正。

镜头首选广角镜头，以展示画面空间的广阔，如远距离拍摄夜景中的建筑，应使用长焦镜头。

夜幕渐至，相机的快门速度会很快降下来，为了保持相机稳定，同时为了抓住拍摄时机，应在拍摄之前就把相机固定在三脚架上。

在光线变化很快的情况下确保准确测光

随着夜幕逐渐降临，彩霞的亮度逐渐变暗，地面的灯火逐渐点亮，这个过程时刻影响着我们的测光和拍摄时机。

测光的总原则是以地面灯火的亮度为基准，如果时机抓得早，会及时将天空的亮度也一并保留下来。

光圈：f/5.6 快门速度：1/30s ISO 感光度：ISO100 焦距：17mm

128 拍摄地标性城市建筑

拍摄地标性建筑，应把握好以下几个环节：

1.表现它的完美外形，力求寻找其最光鲜的一面，这就需要仔细地观察建筑物，有时候会是很辛苦的事情。

2.保证曝光准确。应将测光点对准景观最明亮的部分测光，然后根据自己的需要进行正向或负向曝光补偿。测光时，应兼顾背景的亮度，使其能够很好地衬托主体建筑。

3.对镜头的选择。近距离拍摄，为了展现全景风貌，应选用广角镜头，有时可能会用到超广角镜头。远距离拍摄，或者近距离拍摄局部特写，则应选择长焦镜头。

4.选择较小的光圈，以获得更大的景深。

5.保持相机稳定。拍摄夜幕下的建筑物，曝光时间会很长，常常会超过1秒，所以三脚架必不可少。

6.可根据创作需要，利用白平衡功能强化某一种色彩基调。

选择合适的镜头

地标性建筑往往很庞大，这给拍摄带来一定的困难。如果近距离拍摄，为了拍到景物的全貌，应首选广角镜头，而远距离拍摄或者近距离拍特写，则应选择长焦镜头。

- 光圈：f/5.6
- 快门速度：1/250s
- 感光度：ISO200
- 焦距：18mm

确保相机的稳定

拍摄夜景，尤其是拍摄设有大面积华丽灯火的建筑物，往往需要很长的曝光时间，这时，三脚架是必不可少的。

- 光圈：f/11
- 快门速度：1s
- 感光度：ISO200
- 焦距：37mm

129 锦绣之城的万家灯火

当城市进入夜幕之后，万家灯火交相辉映，我们的眼前是一番无比美丽的景色。在城市夜景中，灯光是主要光源，在城市灯光的点缀下，夜景会更明亮、更清晰，更漂亮。

拍摄城市夜景中的万家灯火，往往会选择远景，灯光很多但是光点很小，宜以深暗色调的夜空为背景来衬托它们的明亮。因此，测光方式应首选点测光。在测光基础上，可根据创作需要，通过曝光补偿功能适当增加曝光，也可以在手动曝光模式下手动增加曝光。

拍摄远景，需要很大的景深，保证远景近景都很清晰，所以曝光模式应选择光圈优先，并选择小光圈。镜头可根据拍摄需要来选择，场面大且拍摄距离较近时，只有广角镜头才能胜任；远距离拍摄灯火辉煌的建筑物时，可选择长焦镜头。

以较小的光圈拍摄以暗调为主的夜景时，曝光时间往往需要数秒甚至更长的曝光时间，拍摄前，一定要将相机固定在三脚架上，确定相机稳定之后再拍摄。

选择光圈优先模式

拍摄万家灯火下的城市夜景，往往都是较大的场面，且需要较大的景深。如果采用程序自动模式或场景模式中的夜景模式，会导致景深过小。为此，曝光模式应选择光圈优先，并在拍摄之前将光圈设在一个较小的挡位上。

- 光圈：f/8
- 快门速度：4s
- 感光度：ISO200
- 焦距：28mm

根据构图选择镜头

拍摄的场面过大或者拍摄距离较近时，只有广角镜头方能胜任。而拍摄距离较远或只拍摄灯火辉煌的建筑时，则可以选用长焦镜头。

- 光圈：f/11
- 快门速度：16s
- 感光度：ISO100
- 焦距：30mm

130 霓虹灯下五彩缤纷的城市街景

在五彩缤纷的街景中，常常是一片灯火辉煌的景色，因此画面比较明亮，所以测光方式即使选择中央重点测光也能得到满意的效果。曝光模式的选择，除了光圈优先之外，程序自动模式拍出的效果也很不错。便携式数码相机场景模式中的夜景模式、夜景人像模式也都有很好的表现。为了确保得到准确的曝光，最好开启曝光补偿功能，以1/3EV或者1/2EV进行补偿。

霓虹灯下的城市街景一般比较明亮，这就为我们获得清晰的照片提供了方便。拍摄时，可以根据现场的光线条件，在保证相机稳定的前提下尽量选择较小的光圈，以获得较大的景深。

拍摄灯光夜景，除了准确选择白平衡之外，还可以有意强化某种色彩。例如，在以白炽灯灯光为主的夜景下，把白平衡设定为日光模式，就可以得到暖调的效果，而在以水银灯为主的夜景下，将白平衡设定为强调绿色的白炽灯模式，画面中的天空和荧光灯等都将呈现偏蓝的色调。

根据拍摄需要选择曝光模式

灯火辉煌的城市街景往往都会很明亮，相机的自动曝光模式和夜景模式都会有不错的表现，可根据拍摄需要去选择。例如，需要较大的景深时可选用光圈优先模式。

- 光圈：f/11
- 快门速度：1s
- 感光度：ISO200
- 焦距：37mm

巧用白平衡营造作品基调

相机的白平衡除了提供准确的色彩还原之外，还可以通过它来强调某一种色彩，使其偏黄或者偏蓝等，以故意的偏色来营造画面气氛。

- 光圈：f/11
- 快门速度：1s
- 感光度：ISO200
- 焦距：37mm

131 使用低速快门拍摄车流的光迹

放眼夜色中的城市街道、桥梁、车辆……五光十色，令人心动。我们可以选择光圈优先模式来拍摄城市街景、现代化建筑，而如果我们把曝光模式设为快门优先，并故意地放低快门速度，例如调在8秒之后会出现什么情况呢？你会看到，车流不见了，取而代之的是它们运行所留下的美丽光迹。快门速度越低，光拉得越长，十分美丽壮观.。

拍摄车流灯光轨迹，因为选择了很低的快门速度，光圈也已经收至很小，所以一般不用再顾忌景深的问题。在快门优先模式下，如果光圈收至最小仍然达不到想要的快门速度，可通过降低感光度来进一步放低快门速度。将相机设置为手动曝光模式，将光圈收至很小，然后开启相机B门，相机的曝光时间就完全可以自由操控，可以在一组车流将要通过时按下快门，待车流通过以后立即关闭快门。拍摄车流的灯光轨迹，还需要一个较好的拍摄位置，如寻找一个较高的位置，有利于拍摄街道或桥梁上的车流全景，而选择在道路旁边时，则适于平行地拍摄车流。因为需要较长的曝光时间，所以三脚架必不可少。对焦的位置，如果车流从相机前横向通过，把对焦点放在车流经过的位置即可；如果车流呈纵向或斜向运行，则应把对焦点放在车流由近及远的1/3左右的位置。

车流的稀疏、走与停等不在我们的掌控之中，却直接影响着拍摄的效果。所以每次拍摄完成之后，应及时查看拍摄效果，如果不满意可以立即重新拍摄。

B门的妙用

将曝光模式选为手动模式，然后将快门设为B门，将光圈尽量收小，其曝光时间可由我们针对车辆运行的情况去自主操控。

光圈：f/8 快门速度：8s ISO 感光度：ISO100 焦距：28mm

选择快门优先曝光模式

车流的灯光轨迹受快门速度的影响，快门速度越低，轨迹拉得越长。

光圈：f/11 快门速度：1s ISO 感光度：ISO400 焦距：70mm

选择一个好的拍摄位置

拍摄位置决定了拍摄角度和画面构图，较高的拍摄位置有利于拍摄车流的全景，而较低的位置则适合拍摄横向通过的车流。

光圈：f/14 快门速度：1.6s ISO 感光度：ISO100 焦距：160mm

对焦点的选择

如果车流从相机前横向通过，把对焦点放在车流经过的位置即可，如果车流呈纵向或斜向行驶，则应把对焦点放在车流由近及远的1/3左右的位置。

光圈：f/16 快门速度：14s ISO 感光度：ISO100 焦距：35mm

132 眩光下的艺术效果

拍摄有灯光的夜景时，如果有强光直接射入镜头，会出现强烈的眩光，人们往往在摄影中设法避免出现这个问题。其实，也可以尝试故意将眩光摄入画面中，甚至进一步开大光圈，以较浅的景深让眩光更加美丽。拍摄这样的效果，应该把握以下几点：一是故意让强烈的灯光冲进镜头。二是设置较大的光圈，以较小的景深强化这种效果。如果拍摄现场较暗，我们还可以通过更长的曝光时间来获取更强的眩光效果。三是精心构图，例如，以近处清晰的前景烘托画面深处虚化的眩光。四是注意色彩的搭配，例如当光源为黄色时，近景中的红色区域与其组合，会让画面更加炫丽多姿。

获得炫光的方法

在夜景中获得炫光很容易。最基本的一点是让强烈的光源直接进入镜头，二是采用较大的光圈，以较小的景深强化这种效果。三是如果拍摄现场较暗，我们还可以通过延长曝光时间来获取更漂亮的炫光效果。

光圈：f/4 快门速度：1/2s ISO 感光度：ISO100 焦距：70mm

133 水中倒影

夜景中的灯光反射到水中，会形成美丽的倒影，把它们连同地面景观拍摄下来，会使本来平淡无奇的景色骤然间变得色彩斑斓，非常美丽。

拍摄水中的倒影，首先要选择一个好的拍摄角度，所以事先要仔细地观察临近水面的景物。角度不同，看到的倒影也会不同，这就要求我们要善于在平淡中发现美的意境。

画面的构图也需要精心组织。要使倒影与景观交相辉映，倒影的作用是烘托景观，而不能喧宾夺主。

测光也有讲究。当水面倒影呈现较大的明亮区域时，可采用中央重点测光方式对准水面倒影测光；而当水面倒影较小或倒影受地面景物影响而明亮区域较小时，则应以点测光的方式对准地面景物测光，在获得曝光数据的基础上，根据创作的需要确定是否给予曝光补偿。

讲求好的画面构图

对好的构图的要求是水面倒影要烘托地面景观，不能喧宾夺主。

光圈：f/16 快门速度：14s ISO 感光度：ISO100 焦距：35mm

根据画面的明暗分布确定测光方式

当水面倒影有较大面积的明亮区域时，中央重点测光方式即可得到满意的曝光。而当水面倒影较小或受地面景物的影响而亮度不足时，应以点测光对准地面景物测光，然后在此基础上确定是否曝光补偿。

光圈：f/16 快门速度：14s ISO 感光度：ISO100 焦距：35mm

134 宁静的夜色

拍摄宁静的夜景，首先要解决测光问题。当画面的反差过大且明亮区域较小时，应以点测光方式对准明亮的部位测光；而当画面反差较小且亮度分布均匀时，采用中央重点测光方式即可得到满意的效果。

夜色中的灯光光源不同，表现出的气氛也不同。在拍摄时应对场景进行认真分析，根据想要营造的氛围来选择色调。需要表现夜色的宁静时，应以偏蓝色的色调作为作品的色彩基调，并通过白平衡设置来强化蓝色；而当需要表现寒冷冬夜中的温暖时，则应强调画面中的红、黄色彩，以渲染温暖的气氛。

宁静的夜色需要较大的景深来衬托，远景和近景同样清晰，能有力地烘托宁静的气氛。所以，宜采用光圈优先模式，并选择较小的光圈，然后进行测光和拍摄。

在夜色下拍摄幽静的小巷很不错，但这里的灯光往往会很暗，就需要长时间曝光。此时使用三脚架可以保持成像清晰，如果同时使用自拍功能，可将相机可能产生的震动降至最低。

相机的自动对焦功能在黑暗中常常会失效，为避免出现这种情况，可使用手动方式对焦。如果被摄主体太暗不易对焦，可以先选择距离相近的明亮景物对焦，然后再对准目标重新构图拍摄。

根据场景明暗分布确定测光方式

当画面中的明暗分布较均匀时，采用中央重点测光方式即可得到满意的效果。如果明暗反差过大，则应以点测光方式对准场景中的亮部测光。

光圈：f/11 快门速度：4s ISO感光度：ISO200 焦距：28mm

色彩基调很重要

表现宁静的夜景应以蓝色为基调。而表现夜景的温暖，则应以红、黄为基调，并刻意强化它们。

光圈：f/9 快门速度：2s ISO 感光度：ISO200 焦距：35mm

以较大的景深烘托夜色的宁静

当远景和近景都很清晰时，会给人一种稳定的感觉，这对于深化夜色的宁静之感很有帮助。因此，需要选择较小的光圈来获得较大的景深。

光圈：f/11 快门速度：12s ISO 感光度：ISO100 焦距：70mm

135 月亮的幽静之美

画面中大大的月亮会让人感到宁静、清新、优美。拍摄这样的画面需要掌握好六个环节：一是使用长焦镜头，镜头焦距越长，拍出的月亮就会越大。二是以点测光的方式对准月亮测光，然后拍摄，力求表现月亮的层次和细节。三是精心构图，应以幽静、美丽的地面景物去陪衬月亮。四是由于这类场景通常非常广阔，所以应选用小光圈来获得更大的景深，使得近景和远景都很清晰。五是使用三脚架来确保相机稳定。六是以蓝色作为画面的基本色调。

拍摄大月亮其实很容易

月亮下的景色很美，其实拍摄起来也很容易。只要掌握好镜头、测光、构图、光圈、色彩基调这几个关键环节，并以三脚架保持相机稳定即可。

光圈：f/8　快门速度：6s　感光度：ISO200　焦距：300mm

特殊光线摄影技巧

关键词：

星光效果 · 摇滚歌手 · 激情歌会 · 烛光 · 篝火 · 用光绘画 · 拍摄会场

136 让华灯如星星般放射光芒

夜色中，华灯如星星般闪耀着光芒，而在我们以自动模式拍摄的夜景照片中，那些原本明亮的光芒却失去了风采。究其原因，是相机厂商为了减少人们手持相机拍摄时引起的振动，在以自动曝光模式拍摄夜景时会自动开大光圈，以提高快门速度。

那么，怎样才能把夜景中灯光放射出的灿烂光芒在画面中出现呢？我们有两种方法可以选择。

一是选择小光圈拍摄，将光芒线精细地记录下来。具体操作步骤如下：

1.选择手动曝光模式（即“M”挡位）；2.选择较小光圈，以f/11至f/22为宜。光圈越小，所需曝光时间越长，得到的光芒效果越明显。

完成以上两项设置后，就可以把相机固定在三脚架上拍摄了。

二是利用星光镜强化光芒效果，它会使夜景照片大放异彩。

星光镜又叫光芒镜。它的镜面玻璃上蚀刻着不同类型的纵横线型条纹。在点光源的作用下，它可以使拍摄场景中的光亮点放射出四射的光芒。根据星光镜的细线数目不同，产生的星状光芒也不同。常见的有十字镜、雪花镜和米字镜。

在使用中，星光镜的光芒效果受焦距、光圈、光点情况的影响。使用长焦镜头的效果通常比短焦镜头好，光圈一般在f/8时效果比较好；光点越小、越亮，光芒效果也越好。

小光圈拍摄可精细记录光芒

收小光圈并采用较长的曝光时间，可以清晰地记录下华灯闪烁的光芒。曝光时间越长，光芒越明显。

- 光圈：f/9
- 快门速度：1.6s
- 感光度：ISO100
- 焦距：100mm

星光镜让光芒线大放异彩

使用星光镜，可使景物中的光亮点产生光芒，并依据镜片上的条纹不同放射出不同的光芒。光点越小，光芒效果越好。常见的星光镜有十字镜、米字镜等。

- 光圈：f/9
- 快门速度：1.6s
- 感光度：ISO100
- 焦距：100mm

137 拍摄摇滚歌手

舞台上，狂欢的摇滚歌手引来无数歌迷为之欢呼。而用相机完美地拍下他们演唱时的激情画面，更是歌迷们所渴望的。

拍摄舞台上的歌手，首先需要较高的快门速度，用于抓拍下他们迷人的精彩瞬间。快门速度最好不要低于1/60秒，如果歌手的动作幅度较大，快门速度则应更高一些。调高相机的感光度，可以得到更高的快门速度。一般情况下，ISO800以内的感光度都能得到不错的画质。如果现场光线很暗，将感光度调整为ISO1600，画面就会出现噪点，但细节不会有太大的损失。最好不要使用高于ISO1600的感光度，但是如果还是得不到满意的快门速度，这就需要在保证画质还是保证画面清晰度当中做出痛苦的选择了。

测光一定要准确。由于演唱会时的舞台灯光都集中在歌手身上，所以测光方式应以点测光为主，并对准灯光下的歌手测光、对焦。

使用相机的连拍功能，有利于抓取连续动作，并在拍摄完成之后从中选优；使用长焦镜头可以方便地放大拍摄歌手，广角镜头则可以拍摄演唱会全景。

设置一个较快的快门速度

为了抓取歌手演唱的精彩瞬间，应选择较快的快门速度。如果快门速度太低，可通过提高相机感光度来解决。

光圈：f/5.6 快门速度：1/100s ISO 感光度：ISO1600 焦距：400mm

镜头焦距的选择

使用长焦镜头可以拍摄歌手的特写或近景画面，距离距舞台越远，所需要的镜头焦距则越长。使用广角镜头可拍摄演唱会全景，距离距舞台越近，所需要的镜头焦距则越短。

光圈：f/4
快门速度：1/15s
ISO 感光度：ISO1600
焦距：14mm

138 温馨的烛光

闪闪烛光既浪漫又温馨，常见于生日PARTY和以烛光为主题的各类活动中。

拍摄烛光时的现场情况通常有两种：一种是基本全黑的背景。这时，能够照亮人物的光源仅靠小小的烛光。在这样的画面中，烛光通常是最重要的陪体，甚至有时候是主体。当它是主体时，应尽量表现其亮部细节；而它作为陪体时，则应把照亮的人物的受光处作为表现的重点，尽量使其有丰富的层次细节。无论是哪种情况，测光方式都应选点测光，以蜡烛的亮度作为曝光的基准，然后根据需要适当地增减曝光。另一种情况则是有其他主光源存在，现场比较明亮，小小的蜡烛仅仅是画面中的陪体，其亮度不会对曝光造成影响，这时测光就比较容易了，采用中央重点测光或平均测光就能得到满意的曝光效果。

将相机设定为光圈优先模式，我们主动控制画面的景深。以较大的光圈拍摄，可以虚化背景，突出主要人物，如生日PARTY的小主角。当需要表现整个现场时，则应以较小的光圈拍摄，使小主角及其亲属、来宾都能清晰再现。为避免人物动作造成画面模糊，快门速度不宜过低。可通过调高相机感光度来提高快门速度。将相机的白平衡设置为钨丝灯模式可以得到暖色调的效果，将色温值进一步调低，则会强化这种暖调效果。

根据现场亮度确定测光与曝光

现场整体都比较明亮时，可采用中央重点测光。如果现场背景很暗时，则应对准蜡烛光进行点测光。

光圈：f/2.8 快门速度：1/60s ISO 感光度：ISO800 焦距：50mm

通过调整光圈大小控制景深

选择光圈优先模式，并根据所需要的景深范围设置光圈。

- 光圈：f/1.8
- 快门速度：1/160s
- ISO 感光度：ISO1600
- 焦距：50mm

139 热烈的篝火

拍摄篝火时，为了获得准确的曝光效果，应选择点测光模式来测光。在此基础上，为了强调篝火的火热气氛，可通过增加曝光的方法使篝火更加明亮。当篝火旁有活动的人群时，则应以人群作为曝光的重点，即根据人物亮度适当地增减曝光。

将相机设置为手动曝光模式，并开启相机闪光灯，可在真实还原现场环境的基础上，使画面中的人物也得到明亮清晰的呈现。

以篝火的亮度作为曝光的基准

根据篝火亮度测定曝光数据后，可通过增加或者减少曝光的方法来强调现场气氛、表现画面中的人物活动。

开启用闪光灯，可使画面中的人物有更完美的呈现。

- 光圈：f/5.6
- 快门速度：1/60s
- ISO 感光度：ISO400
- 焦距：70mm

图书在版编目（CIP）数据

数码摄影用光与曝光 / FASHION视觉工作室著. --北京：中国摄影出版社, 2012.4
ISBN 978-7-80236-723-4

Ⅰ. ①数… Ⅱ. ①F… Ⅲ. ①数字照相机－曝光－摄影技术 Ⅳ. ①J41②TB811

中国版本图书馆CIP数据核字(2012)第043120号

书　　名：数码摄影用光与曝光
作　　者：FASHION视觉工作室
责任编辑：谢建国
封面设计：衣　钊
出　　版：中国摄影出版社
地址：北京东城区东四十二条48号　邮编：100007
发行部：010-65136125　65280977
网址：www.cpph.com
邮箱：distribution@cpph.com
印　　刷：北京印匠彩色印刷有限公司
开　　本：16
纸张规格：787mm×1092mm
印　　张：11
字　　数：150千字
版　　次：2012年5月第1版
印　　次：2015年3月第2次印刷
ISBN 978-7-80236-723-4
定　　价：48.00元